全国中等职业教育机械大类实训教材系列

钳工技能实训

鲍佩红　主　编
钱宁伟　张晓林　副主编
姚兴禄　主　审

科学出版社
北　京

内 容 简 介

本书是中等职业学校机械专业初、中级钳工实训教材，共分三个单元，单元1为钳工基本操作，单元2为钳工基本训练，单元3为钳工操作工艺。3个单元共包括35个任务，大部分任务包括任务目标、相关知识、实训操作和检测评分等内容。

本书可作为中等职业学校钳工实训教材，也可作为社会人员参加钳工中初、中级考前培训教材。

图书在版编目(CIP)数据

钳工技能实训/鲍佩红主编. —北京：科学出版社，2009
(全国中等职业教育机械大类实训教材系列)
ISBN 978-7-03-024940-1

Ⅰ.钳…　Ⅱ.鲍…　Ⅲ.钳工-专业学校-教材　Ⅳ.TG9

中国版本图书馆CIP数据核字（2009）第112111号

责任编辑：庞海龙/责任校对：赵　燕
责任印制：吕春珉/封面设计：耕者设计工作室

科学出版社 出版
北京东黄城根北街16号
邮政编码：100717
http://www.sciencep.com
新科印刷有限公司 印刷
科学出版社发行　各地新华书店经销
*
2009年7月第　一　版　　开本：787×1092　1/16
2021年7月第十次印刷　　印张：11 3/4
字数：278 000

定价：35.00元

（如有印装质量问题，我社负责调换〈新科〉）
销售部电话 010-62136131　编辑部电话 010-62135319-8999（ST03）

前　言

为了推动职业技术教育发展，促进机械专业的教学发展和提高，按照以能力为本位，以就业为导向的宗旨，结合近二十年来钳工教学的经验，我们组织一线老师编写了这本《钳工技能实训》。

随着机械行业向高、精发展，企业对用工者的技能要求越来高，加强对学生技能培养显得更加重要。本书在技能实训方面作了一些探索，力求使学生在有限的实训时间里技能得到较大提高。同时，加工工艺作为机械加工中的关键内容，本书在这方面用了较多的篇幅，目的是使学生进一步明确加工工艺在机械加工中的重要性，学会一般工件加工工艺的分析与制订，培养学生综合分析能力。

本书由鲍佩红老师策划，并在姚兴禄、张晓林两位领导的大力支持并亲自参与下得以顺利完成。具体分工：单元 1 和单元 2 由鲍佩红老师执笔，单元 3 由姚兴禄、张晓林、钱宁伟、董祖国、王小羊五位老师分工完成，本书的一些工件图由刘宝剑老师绘制。

由于作者编写经验不足、专业水平有限，书中难免存在不足之处，恳切希望读者批评指正。

前言

目　　录

单　元　1

钳工基本操作训练

内容透视

钳工基本操作是学好钳工的根本。本单元对锯、锉、划线、钻孔、攻丝、铰孔等钳工基本操作的相关知识、操作要点、注意事项、常见问题作了比较详细的介绍，并制定了相应的配套训练。通过本单元的训练，学生可以熟悉钳工基本操作，掌握正确的操作技术，为以后的钳工综合能力的提高打下扎实的基础。

教学目标

1. 了解本单元出现的各种钳工工具的结构、切削原理、使用方法。
2. 了解并能自觉遵守工厂设备安全使用规则。
3. 掌握各类量具的正确使用方法，并能熟练测量。
4. 基本掌握各类基本操作的相关工艺。

任务1 锯　　割

任务目标

1. 了解锯弓的结构，掌握锯条的安装。
2. 掌握手锯锯割的姿势、要领和锯割速度。
3. 学习运用两种起锯法。
4. 了解锯割产生问题的原因。

相关知识

锯弓结构：锯弓包括固定式和可调式两种。如图 1.1 中锯弓为可调式，可以安装三种不同长度的锯条。

锯条选用与安装：根据锯齿牙距大小，锯条包括细齿（1.1mm）、中齿（1.4mm）、粗齿（1.8mm）三种。锯条安装时锯齿朝前，使用时应根据材料的软硬、厚薄来选用不同锯齿牙距的锯齿。锯条选择的原则是：软材料选粗齿，硬材料选细齿；厚材料选粗齿，薄材料选细齿。

握法：右手满握锯柄，并使手臂与锯弓在一个平面上，左手五指分开扶于锯弓前端。

姿势：两脚前后分立成高弓步状，身体略前倾，并随锯割过程前后摆动（图 1.2）。

用力：前推时身体随锯弓前进并下压，此为切割阶段；回拉时锯弓微提，随身体回拉，此时不切割（图 1.2）。

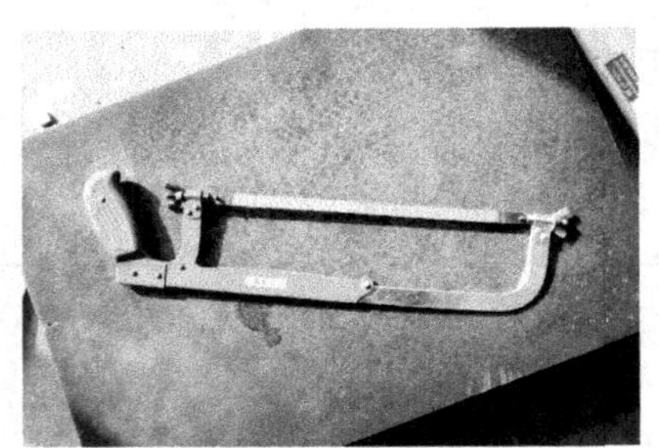

图 1.1　可调式锯

图 1.2　锯割姿势

速度：一般为 30 次/min。

工件的夹持：一般将工件夹在台虎钳的左边，这样有利操作。锯割缝离钳口 10mm 左右。

起锯法：有近起锯（图 1.3）和远起锯（图 1.4）两种。远起锯以推起锯，近起锯以拉起锯。

图 1.3 远起锯

图 1.4 近起锯

如果遇到特殊型材，操作时应灵活运用平时经验，选择合适的手锯和锯割方法。

实训操作

1. 实训内容

了解锯弓的结构，正确安装锯条。实训坯料如图 1.5 所示，将其按要求分别加工成图 1.6和图 1.7 所示试件。

板材锯割（1）加工要求：将工件两面涂上蓝油，用高度游标卡尺划出锯割加工线，每条锯缝划双线，双线距 1.5mm，锯时从双线中间锯下，最后不锯断，留 1mm，完成全部锯割后上交。

板材锯割（2）加工要求：将工件两面涂上蓝油，用高度游标卡尺划出锯割加工线，锯时从线左侧锯下，锯割精度为 $5^{0}_{+0.5}$ mm，最后不锯断，留 1 mm，完成全部锯割后上交。

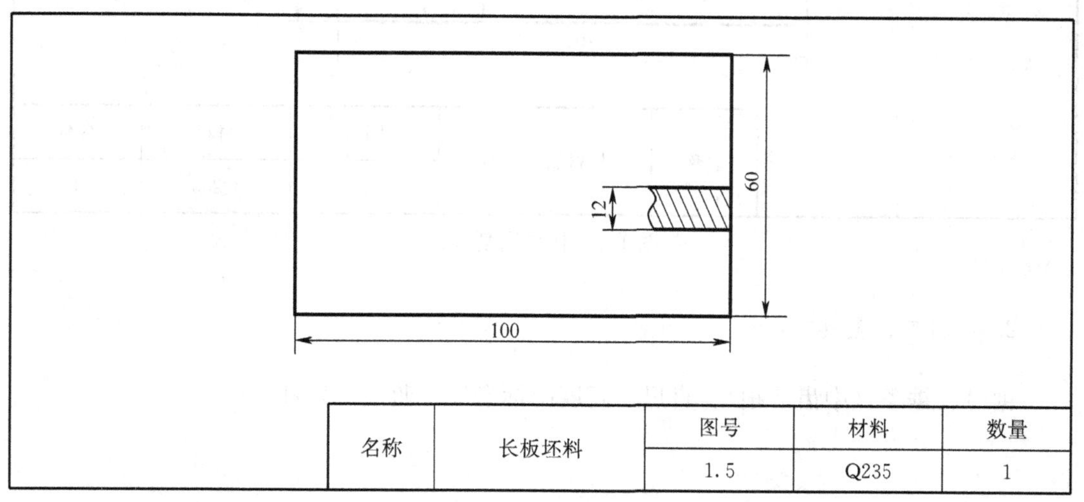

图 1.5 长板坯料

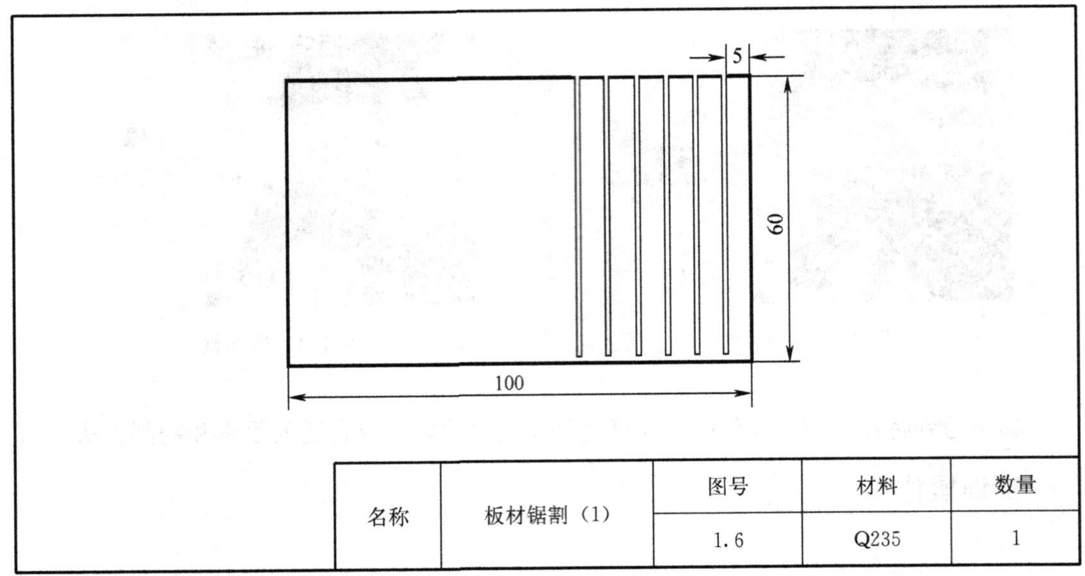

名称	板材锯割（1）	图号	材料	数量
		1.6	Q235	1

图 1.6　板材锯割（1）

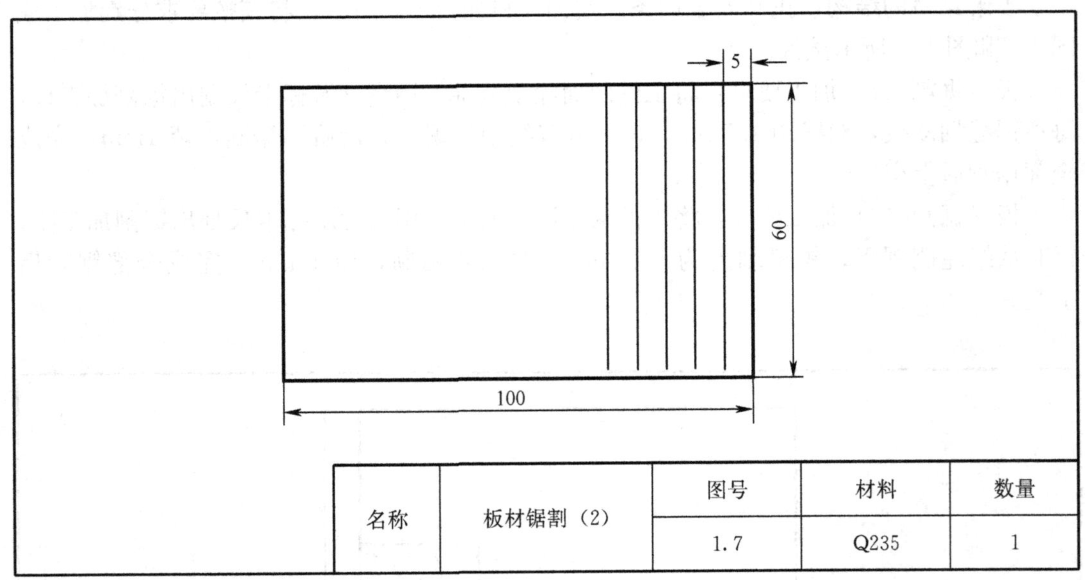

名称	板材锯割（2）	图号	材料	数量
		1.7	Q235	1

图 1.7　板材锯割（2）

2. 实训工、量具

锯弓、锯条（中齿 2 根）、直尺、高度游标卡尺、蓝油、划针。

3. 锯割中常见问题及原因（表 1.1）

表 1.1　锯割常见问题及原因

	常见问题	原因分析
1	锯齿崩裂	近起锯时用力过大
		锯割时突然用力下压
		板料厚度与锯齿粗细不配，选用的锯条锯齿过粗
2	锯齿单面磨损	推拉锯时用力方向与锯条不成一条直线，使锯运动时常习惯性地向一侧摆动，致使锯齿一侧磨损过快
		材料中有高硬度杂质
3	锯条折断	锯条安装过松或过紧
		工件夹持不牢固或台虎钳转盘未锁紧，锯割时松动，或者台虎钳转动
		速度过快，压力过大
		锯条被卡后强行推进
4	锯缝歪斜	锯弓未扶正，锯割力向一侧
		锯齿单面磨损
5	锯缝弯曲	锯弓未扶正，锯弓平面在锯割时经常变换角度
6	锯缝侧斜	起锯时锯条与材料侧大平面不垂直

检测评分

试件 1　评分

序号	考核要求	配分	得分
1	锯条安装正确	10	
2	站立姿势正确	10	
3	远起锯法正确	10	
4	近起锯法正确	10	
5	锯割速度合适	10	
6	有无锯条断裂	每断一条扣 5 分	
7	锯缝质量（第一条）	10	
8	锯缝质量（第二条）	10	
9	锯缝质量（第三条）	10	
10	锯缝质量（第四条）	10	
11	锯缝质量（第五条）	10	
12	文明守纪（违纪视情节扣分）		
实训心得			

试件 2　评分

序号	考核要求	配分	得分
1	锯条安装正确	10	
2	站立姿势正确	10	
3	远起锯法正确	10	
4	近起锯法正确	10	
5	锯割速度合适	10	
6	有无锯条断裂	每断一条扣 5 分	
7	锯缝质量（第一条）	10	
8	锯缝质量（第二条）	10	
9	锯缝质量（第三条）	10	
10	锯缝质量（第四条）	10	
11	锯缝质量（第五条）	10	
12	文明守纪（违纪视情节扣分）		
实训心得			

任务2　锉　　削

任务目标

1. 了解锉刀的结构和种类。
2. 体会三种锉削手法的特点和要领。
3. 掌握锉削的姿势、速度。
4. 了解锉削中常见问题的原因及纠正方法。

相关知识

1. 锉刀结构与安装

锉刀由锉身与锉柄两部分组成。锉刀柄的安装要求柄与锉身在一直线上。

2. 锉刀握法

常见的有手掌压锉法、手指扣锉法、手指按锉法，三种握法各有特点。

（1）手掌压锉法

右手满握锉刀柄，左手掌压锉刀前端（图1.8），适用于250mm以上大板锉。其特点是左手便于用上劲，锉削快，但不易锉平。

（2）手指扣锉法

右手满握锉刀柄，左手大拇指压在锉刀上面，食指与中指并扣于锉刀前端下面（图1.9），适用于各种规格锉刀。其特点是易于控制锉刀平面，使锉刀前进平稳，锉削面比较平。

图1.8　手掌压锉法

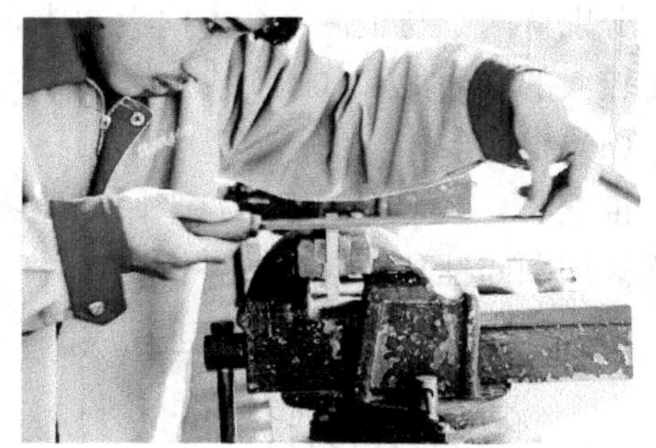

图1.9　手指扣锉法

（3）手指按锉法

右手满握锉刀柄，左手四指弯曲压于锉刀面上（图1.10），一般适用于中小锉刀（200mm以下）。其特点是不易着力，但因左手按压的位置一般在加工面的正中面上，锉削速度较慢，锉刀走刀平稳，所以一般用于精加工或修正。

图 1.10　手指按锉法

3. 锉削速度

锉销速度一般为 40 次/min。

4. 锉削方法

(1) 顺向锉

顺向锉是最常用的方法。锉刀运动方向与工件夹持方向一致，锉纹正直、整齐美观(图 1.11)。精锉时常用顺向锉。

图 1.11　顺向锉

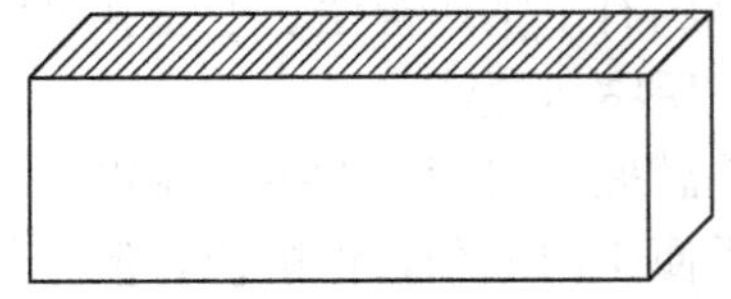

图 1.12　横向锉

(2) 横向锉

在粗加工中常用横向锉。锉刀运动方向与工件夹持方向垂直(图 1.12)。

(3) 交叉锉

分别从两个与工件夹持方向大约成 35°方向锉削，形成网纹交叉纹路，一般用于面积比较大的平面加工(图 1.13)。

(4) 推锉

推锉时，双手横握锉刀，来回推动切削(图 1.14)，此种锉法效率较低，一般只用于无法用顺向锉和横向锉两种锉法时。

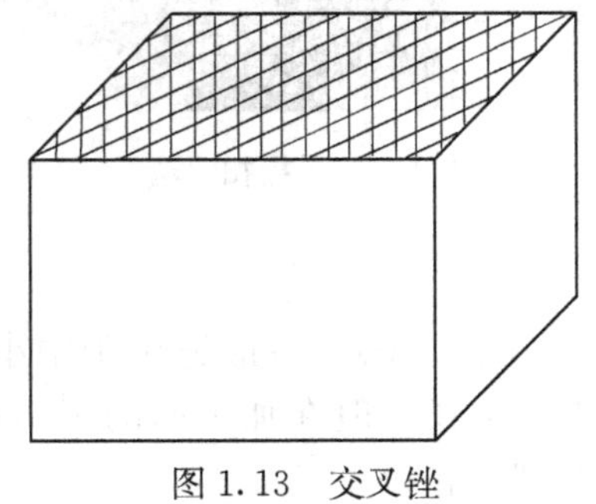

图 1.13　交叉锉

图 1.14　推锉

实训操作

1. 实训内容

了解常见锉刀的种类和结构，锉刀柄的正确安装。实训坯料如图 1.15 所示，按要求进行加工，如图 1.16 所示。

长方板锉削加工要求：①用手掌压锉法锉削 A 面；②用手指扣锉法锉削 B 面；③先锯割 C 面，并最后用手指按锉法锉平。

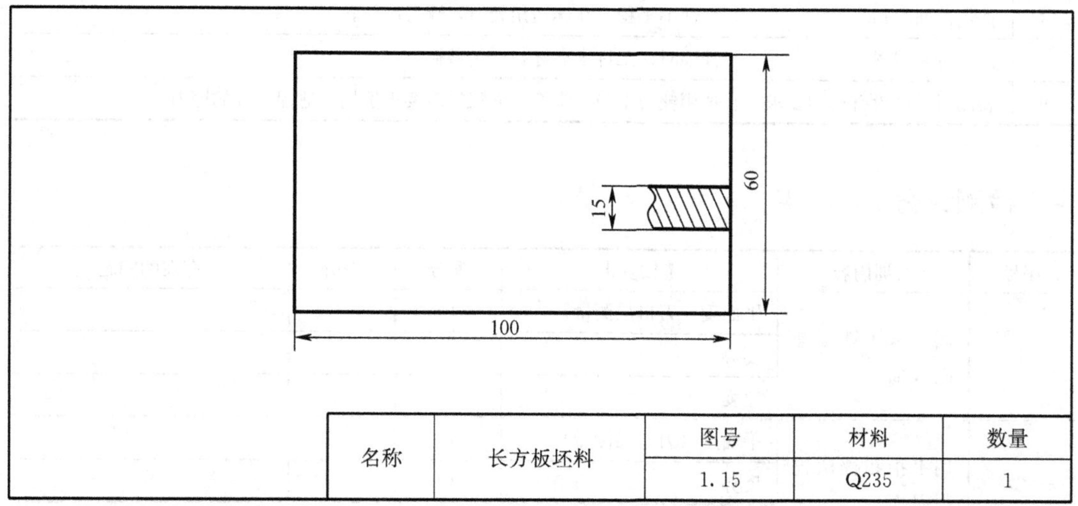

图 1.15　实训坯料

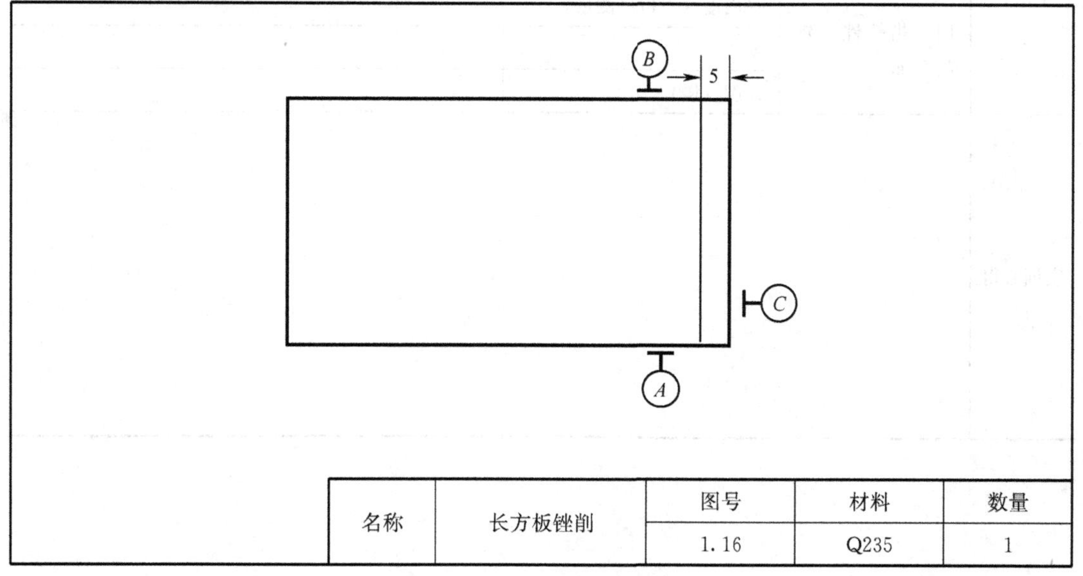

图 1.16　长方板锉削

2. 锉削中常见问题及原因（表 1.2）

表 1.2 锉削中常见问题及原因

	常见问题	原因分析
1	锉面前高后低	握锉不平，锉刀头高柄低
2	锉面前低后高	握锉不平，锉刀头低柄高
3	锉面中凸、塌边	推锉不平稳，锉削时锉刀有摆动
		锉刀拉回程时拖带锉削面
4	锉削平面塌角	握锉不平稳，在锉边角处时，锉刀面侧转
5	锉纹特别粗深	锉削时，工件未夹好，产生共振
6	表面粗糙度没有达到要求	选用锉刀不当，未按表面粗糙度要求选用合适锉纹号的锉刀

检测评分

序号	实训内容	考核要求	配分	得分	存在的问题
1	用手掌压锉法锉削 *A* 面	平面度（刀口尺测量）	10		
		姿势	10		
		速度	10		
2	用手指扣锉法锉削 *B* 面	平面度（刀口尺测量）	10		
		姿势	10		
		速度	10		
3	用手指按锉法锉削 *C* 面	平面度（刀口尺测量）	10		
		姿势	10		
		速度（慢）	10		
实训心得					

任务3 划 线

任务目标

1. 了解并掌握各种常用划线工具的正确使用方法。
2. 学习平面划线的方法和步骤。

相关知识

各种常见划线工具如图 1.17 所示。

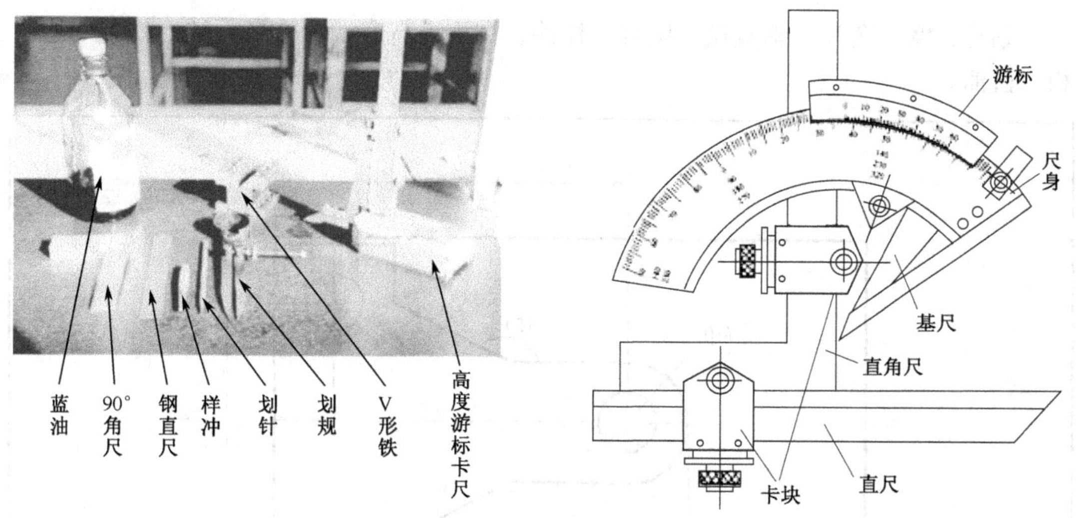

图 1.17 各种常见划线工具

划线平台：划线时的工作台，其平面度要求很高，使用时注意保护好其表面。

划针：用弹簧钢制成，尖部焊有硬质合金，磨成 15°～20°。划线时须向外侧倾 15°～20°，以保证划线的准确性。

划规：主要用于划圆、圆弧，等分线段，等分角度，量取尺寸等。

样冲：用于在工件所划的加工线上冲眼（作为加强加工界限的标志），也用于圆弧定心和钻孔定心。

榔头：用于各种錾削和打样冲眼等。

90°角尺：测量时用于检测两平面的垂直度，划线时作为平行线或垂直线的导向工具。

钢直尺：一种简单的测量导向工具，在钳工中主要用于划线。

高度游标卡尺：比较精密的量具和划线工具，主要用于划线，也可用于测量。

万能角度尺：可以测量角度，也可用于划角度线。

V 形铁：划线用具，作划线时靠山用，上面 V 形槽可以用于圆材料的划线。

游标卡尺：测量和检验用的一种精度比较高的量具。

蓝油：用于划线前工具表面着色，使划线更清晰，用时宜薄宜匀。

实训操作

1. 实训内容

练习平面划线，如图 1.18 所示。

2. 实训工、量具

划针、宽座角尺、钢直尺、圆规、样冲、榔头、高度游标卡尺、V 形铁、划线平板、蓝油。

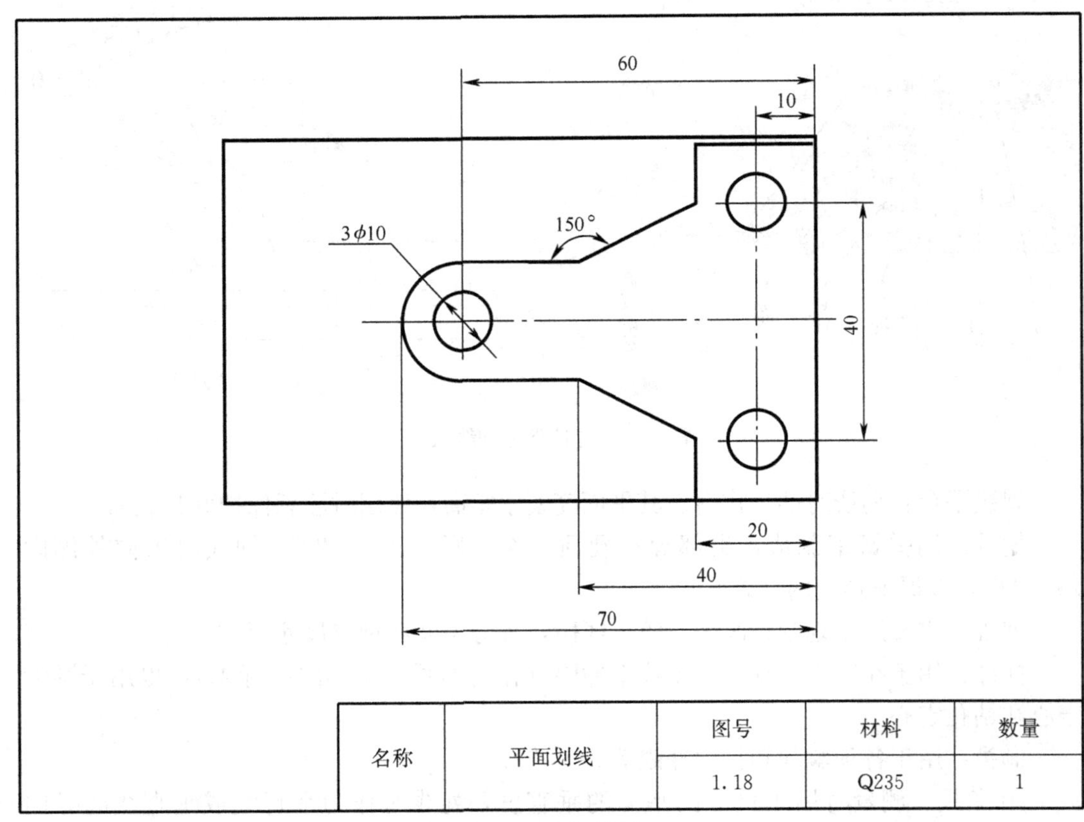

<table>
<tr><td rowspan="2">名称</td><td rowspan="2">平面划线</td><td>图号</td><td>材料</td><td>数量</td></tr>
<tr><td>1.18</td><td>Q235</td><td>1</td></tr>
</table>

图 1.18　平面划线

3. 操作工艺（表1.3）

表1.3 操作工艺

工序	操作要点	示意图	说 明
1	对照图1.18检查坯料尺寸是否符合要求（有一组边垂直，且宽大于60mm）	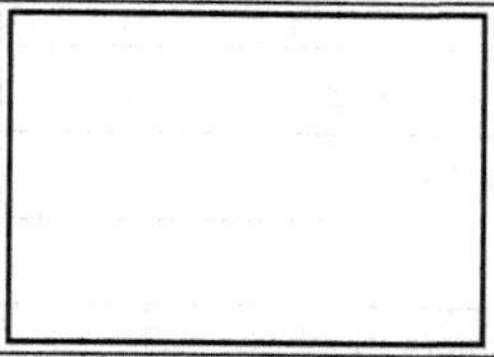	用游标卡尺和刀口角尺测量
2	在板材的表面涂上蓝油		要求薄而匀
3	用高度游标卡尺分别划出10、20、40、60、70尺寸线		从对图1.18分析可得各组尺寸，并在图上适当作分析记录。划线时应将平板竖直紧靠V形铁，使之垂直立于平台上
4	将平板转一个方位，划出10、20、30、40、50、60尺寸线	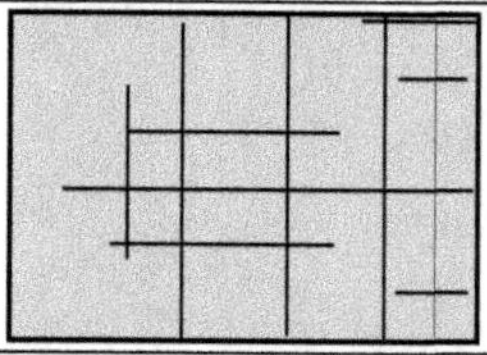	为了保证划出来的线清晰明了，应基本找准划线起止点，避免线过多造成混乱
5	在相关的交点上冲上样冲眼	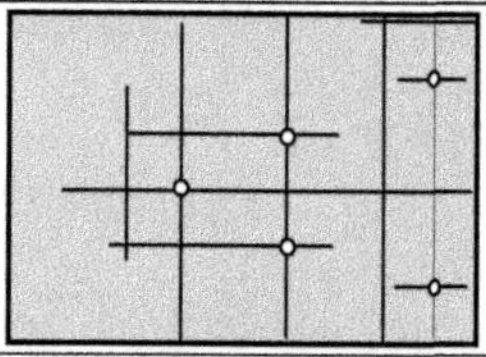	在圆心位置和斜线基准点上打上小的样冲眼，以便于接下去划线时找准位置
6	用万能角度尺或角度样板画出150°线	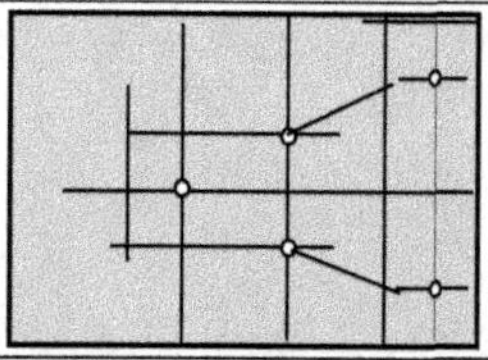	在用万能角度尺划线时，只能以两条基准边为基准，另两条边不能作为划线依靠。角度通常要通过换算将万能角度尺调到所需角度
7	用圆规分别画出 $\phi10$ 圆和 $R10$ 圆弧	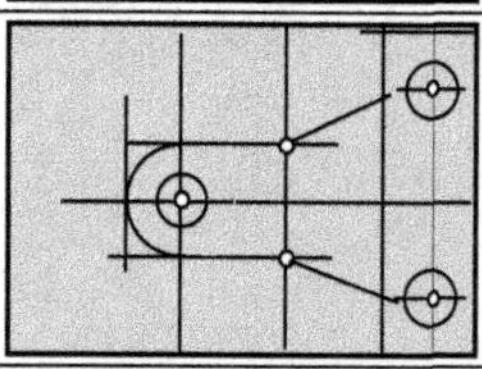	用圆规画圆时，圆规尺寸容易发生变化，所以画时要用力均匀、稳当
8	在划出的工件线的边界上打上样冲眼以加强界限标志	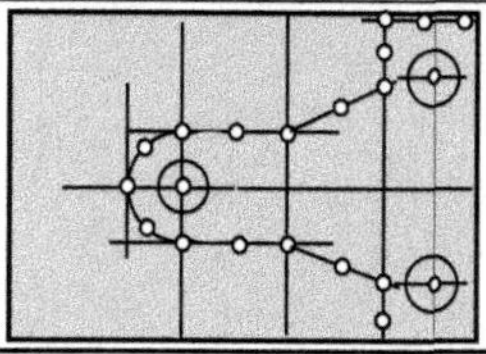	打加强界线标志的样冲眼时，样冲打眼轻些，在各线条的交叉点必须打上样冲眼，在线条的中间尽量打均匀

检测评分

序号	考核要求	配分	得分
1	蓝油涂抹均匀	10	
2	各水平、竖直线清晰，并一次划成	15	
3	两条 150°线起点准，角度正确	15	
4	各圆心样冲眼位置准确	15	
5	圆及圆弧线一次成功，精度较高	15	
6	边界线上各样冲眼分布比较均匀，深浅比较一致	15	
7	各种划线工具使用正确	15	
实训心得			

任务4　精度锉削

任务目标

1. 按图纸要求完成两垂直面锉削加工。
2. 按图纸要求完成两平行面锉削加工。
3. 按图纸尺寸要求锉削六面体。

实训操作

1. 实训内容

按要求精度锉削图1.19～图1.21所示试件。

长方板锉削（1）加工要求：①以图1.16所示加工成的C面为基准，先加工B面，使B面与C面垂直；②再以C面为基准加工A面，使A、C两面尺寸为59±0.1mm。

长方板锉削（2）加工要求：在图1.19所示加工成试件的基础上，加工成图示工件。

长方板锉削（3）加工要求：在图1.20加工余料基础上，通过锉削六面，加工成图示工件。

2. 实训工、量具

250mm或300mm粗扁锉、200mm中齿扁锉、刀口角尺、高度游标卡尺、游标卡尺、蓝油。

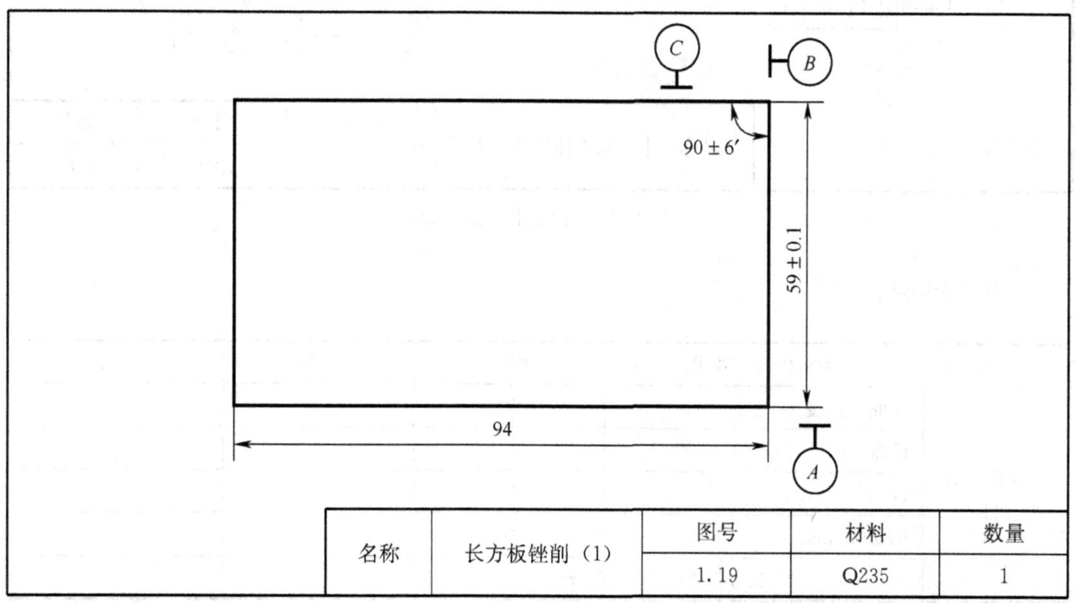

名称	长方板锉削（1）	图号	材料	数量
		1.19	Q235	1

图1.19　长方板锉削（1）

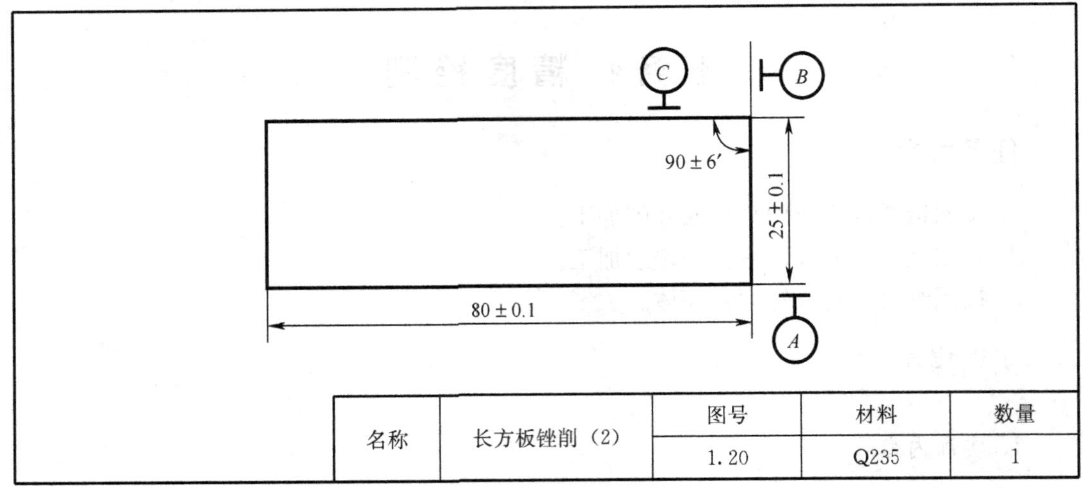

图 1.20　长方板锉削（2）

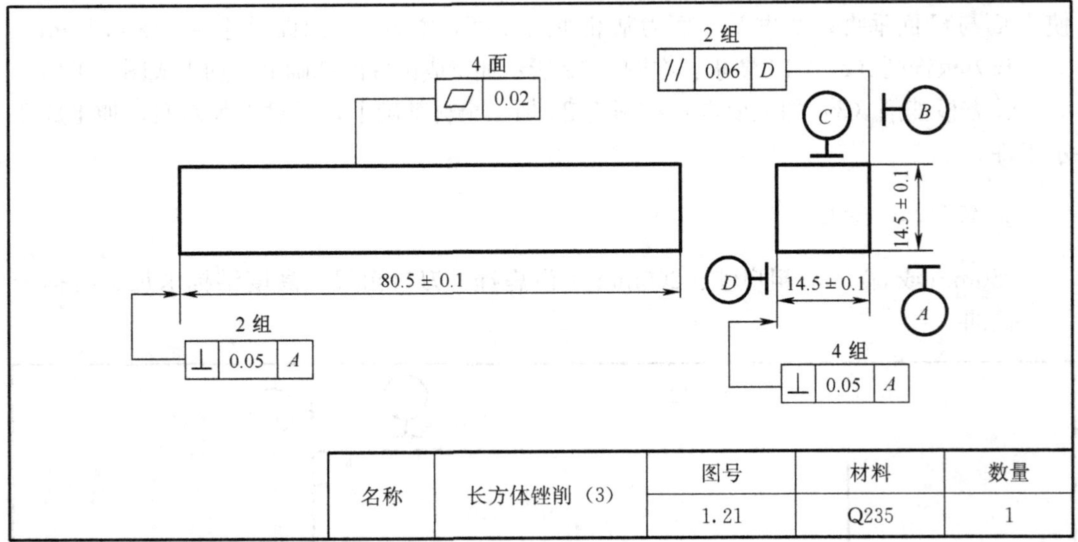

图 1.21　长方板锉削（3）

检测评分

序号	考核内容与要求	配分	得分	备注
长方板锉削（1）	A 面平面度	10		
	C 面平面度	10		
	$B\perp C$	10		
	59±0.1mm	10		
	长方板锉削（1）总分			

续表

<table>
<tr><th>序号</th><th>考核内容与要求</th><th>配分</th><th>得分</th><th>备注</th></tr>
<tr><td rowspan="7">长方板锉削
(2)</td><td>A 面平面度</td><td>10</td><td></td><td></td></tr>
<tr><td>B 面平面度</td><td>10</td><td></td><td></td></tr>
<tr><td>B⊥C</td><td>10</td><td></td><td></td></tr>
<tr><td>A//C</td><td>10</td><td></td><td></td></tr>
<tr><td>25±0.1mm</td><td>10</td><td></td><td></td></tr>
<tr><td>80±0.1mm</td><td>10</td><td></td><td></td></tr>
<tr><td colspan="2">长方板锉削（2）总分</td><td></td><td></td></tr>
<tr><td rowspan="8">长方板锉削
(3)</td><td>▱ 0.02 （4 面）</td><td>16</td><td></td><td></td></tr>
<tr><td>⊥ 0.05 A （6 组）</td><td>24</td><td></td><td></td></tr>
<tr><td>// 0.06 D （2 组）</td><td>12</td><td></td><td></td></tr>
<tr><td>14.5±0.1mm</td><td>12</td><td></td><td></td></tr>
<tr><td>14.5±0.1mm</td><td>12</td><td></td><td></td></tr>
<tr><td>80.5±0.1mm</td><td>12</td><td></td><td></td></tr>
<tr><td>锉削纹理方向</td><td>12</td><td></td><td></td></tr>
<tr><td colspan="2">长方板锉削（3）总分</td><td></td><td></td></tr>
<tr><td>实训心得</td><td colspan="4"></td></tr>
</table>

任务5 钻　　孔

任务目标

1. 了解麻花钻的结构。
2. 了解钻床安全使用常识。
3. 掌握钻孔的方法、步骤和要领。

相关知识

1. 钻孔基础知识

孔加工是钳工的重要操作技能之一。孔加工的方法主要包括两类：一类是在实体工件上用麻花钻、中心钻等进行钻孔；另一类是对已有孔进行再加工，即用扩孔钻、锪钻进行扩孔、锪孔和铰孔等。

(1) 工件的夹装

将工件用压板固定在已调平的钻床平台上，让工件待钻孔正对平台孔。也可以将工件固定于平口钳上。对于难以用上述方法固定的工件，需借助其他设备来固定工件。

(2) 直柄钻头的装夹

先将钻头塞入钻床中钻夹头的三卡爪内（夹持长度以直柄麻花钻直柄部分还有少许外露为宜），用钻夹头专用钥匙旋转钻夹头外套，锁紧钻夹头。

(3) 钻床转速选择

选择转速的一般原则是：钻头直径大转速低，直径小转速高；钻硬材料转速低，钻软材料转速高；钻深孔转速低，钻浅孔钻速高。

(4) 起钻

先将钻头对准孔心样冲眼试钻，看孔位与钻头是否对准？如没有对准，需要及时调整工件位置，直到对准为止，然后开始钻孔。

(5) 钻孔

一般台式钻床都是手动进给，在手动进给操作时，可根据排出的切屑厚薄来决定进给压力，使钻孔进给量适中。当钻小的深孔时，钻至一定深度（一般为孔径的3倍时）要退钻排屑。当快钻穿时要减少进给压力，以免卡钻或使钻头折断。

(6) 钻孔时的切削液

钻孔时要加注足够的切削液，以保证钻孔的质量，延长钻头的使用寿命。

2. 钻床使用安全知识

1）钻孔时要扎紧衣袖，戴好工作帽。

2）工件一定要压紧。

3）操作时不准戴手套，不准拿棉丝，以免被切屑或钻头缠住。

4）钻孔过程中用力要稳，消除切屑时不准用嘴吹，用手拉，应停止钻床运行并用刷子、铁钩子清理。

5）钻孔过程中，要注入充分的切屑液，对钻头进行冷却和润滑。

6）通孔将要钻通时，要特别小心，应减少进刀量，防止损坏钻头或工件甩出。

7）车未停稳时，不能用手抓钻头、钻头夹或钻床轴；松、紧夹头必须用钥匙，不能用硬物或手锤敲砸。

实训操作

1. 实训内容

加工如图1.22所示试件。

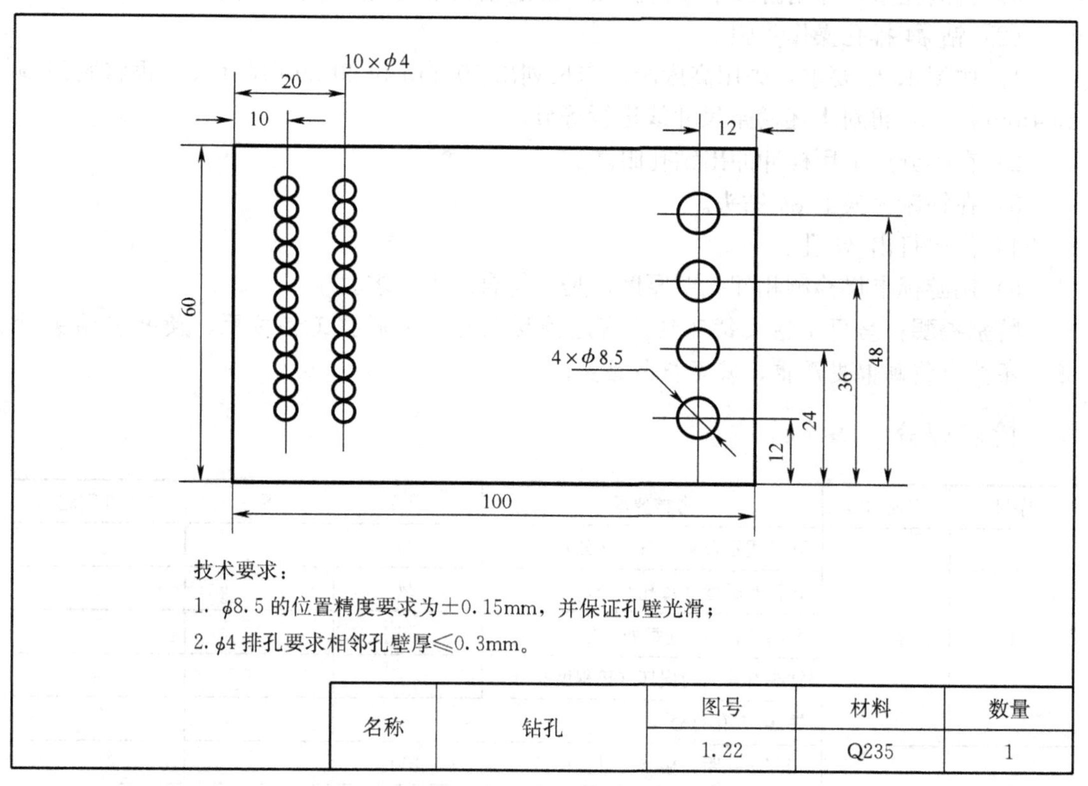

名称	钻孔	图号	材料	数量
		1.22	Q235	1

图1.22　钻孔

2. 实训工、量具

φ8.5、φ4麻花钻，250mm或300mm粗扁锉、200mm中齿扁锉、刀口角尺、高度游标卡尺、游标卡尺、蓝油。

3. 操作步骤

(1) 钻 ϕ8.5 孔操作步骤

1) 先将坯料四边锉削加工成长方形，使各面的平面度和垂直度达到一定的要求。

2) 在工件表面涂上蓝油。

3) 按图 1.22 要求，用高度游标卡尺对工件进行划线。

4) 检验划线结果，并用样冲冲出钻孔中心。

5) 在钻床上装上经过检查合适的钻头（ϕ8.5），并查看钻床转速，调到中低速。

6) 将工件牢固固定在平口钳上（表面要放平）。

7) 将钻头对准要钻孔位置的样冲眼，钻孔时加适当的压力，使钻孔有一个合适的进给量，同时在钻孔时加入充足的润滑液。

8) 快钻穿时适当放慢进给速度和压力，直到完全钻通为止。

9) 目测孔壁，并用游标卡尺检测孔，对照钻孔常见问题，找出原因。

(2) 钻 ϕ4 排孔操作步骤

1) 按图 1.22 要求，先用高度游标卡尺划出 10 mm 和 20 mm 尺寸线，再将圆规调到 4mm 尺寸，再对上述两条尺寸线进行等分。

2) 在等分点上用样冲冲出钻孔眼。

3) 在钻床上换上 ϕ4 钻头。

4) 依次打出 ϕ4 孔。

5) 用游标卡尺检测相邻孔壁厚度，是否符合图纸要求。

特别提醒： 当用小钻头钻孔钻头有跑偏现象时，要调整工件位置，使孔与钻头对正，不然会使跑偏更严重，甚至折断钻头。

检测评分

序号	实训内容	考核要求	配分	得分	存在问题
1	钻 ϕ8.5 孔	孔壁质量合格（每孔 5 分）	20		
		孔径及圆度（每孔 6 分）	24		
		孔的位置（8 处每处 7 分）	56		
		钻头有无人为损坏（按程度扣分）			
		钻 ϕ8.5 孔总分			
2	钻 ϕ4 排孔	相邻居孔距合格（每排 10 处）	100		
		有无钻头折断（视原因扣分）			
		钻 ϕ4 排孔总分			
实训心得					

任务6 螺纹加工

任务目标

1. 掌握攻螺纹前底孔直径的确定方法。
2. 了解丝锥和铰杠的结构、掌握其使用方法。
3. 掌握正确的攻螺纹方法。

相关知识

1. 丝锥

丝锥由柄部和工作部分组成，一般两至三支为一组，称为头攻、二攻、三攻，两（三）支丝锥形状稍有不同，使用时应按顺序，不能颠倒。

2. 攻螺纹前底孔的确定

攻制钢件或塑性较大的材料时，底孔直径的计算公式为

$$D_{孔}=D-P$$

攻制铸铁或塑性较小的材料时，底孔直径的计算公式为

$$D_{孔}=D-(1.05\sim 1.1)P$$

式中，$D_{孔}$——螺丝底孔直径，mm；

D——螺纹大径，mm；

P——螺距，mm。

攻不通孔时，底孔深度为

$$H_{深}=h_{有效}+0.7D$$

式中，$H_{深}$——底孔深度，mm；

$h_{有效}$——螺纹有效长度，mm；

D——螺纹大径，mm。

3. 攻螺纹的要点

1）根据螺纹直径确定底孔大小，并加工好底孔，对底孔孔口进行倒角，倒角处的直径应略大于螺纹直径，通孔两端都要倒角。

2）工件夹装时螺孔应置于垂直位置。

3）起攻时，先将丝锥在孔口放正，然后施压铰入，并及时调整位置，当切入3～4圈后，不能再调整，否则会烂牙或折断丝锥。

4）待切入3～4圈后可以不用施压铰入了，此时要经常倒转1/4～1/2圈排屑。

5）攻螺纹时要适当加润滑液，能提高螺纹加工的质量。

实训操作

1. 实训内容

实训坯料为任务 5 加工工件，如图 1.22 所示，攻螺纹，如图 1.23 所示。

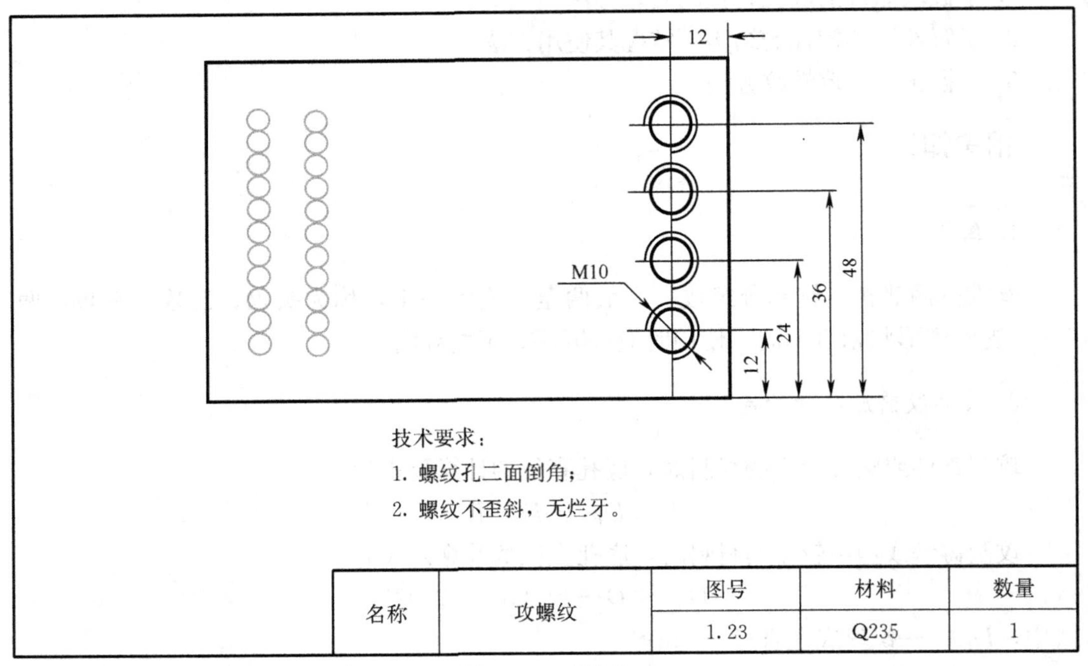

图 1.23 攻螺纹

2. 实训工、量具

ϕ12 倒角用麻花钻、M10 丝锥、铰杠、润滑液、M10 螺纹规。

3. 操作步骤

1）选用 ϕ12 倒角钻，将孔两端倒角至孔口略大于 ϕ10（接任务 5，已经打好 ϕ8.5 底孔）。

2）将工件水平固定于台虎钳上。

3）选 M10 头攻，装于铰杠上，并刷干净，不能有铁屑杂物粘在上面。

4）垂直放入待攻丝孔并适当用力旋进（此时必须两手用力均衡），同时加切削润滑液。

5）待有 2～3 牙攻入后，每旋进半周后要适当倒转，以便排屑。

6）头攻完成后，再用二攻攻一遍（攻时要加适量切削润滑液，可以提高螺纹）。

7）目测是否有烂牙，并用螺纹规检测螺纹质量。

4. 攻螺纹中常见问题及原因（表 1.4）

表 1.4　攻螺纹中常见问题及原因

	常见问题	原因分析
1	螺纹烂牙	底孔太小
		螺纹攻歪严重，强行纠正
		在韧性好的材料上攻螺纹没加切削液
2	螺纹攻歪	起攻时丝锥歪斜，未放正
		底孔歪斜
3	螺纹形状不完整	底孔太大，没有牙顶
		丝锥磨损严重
4	丝锥崩牙或折断	底孔太小，强行下攻
		螺纹攻歪严重
		螺纹攻歪，强行纠正
		攻不通孔时，攻到底后继续强行攻螺纹
		切屑堵塞
		铰杠太长，用力不对称
		丝锥磨损严重
		材料太硬或碰到硬点

检测评分

序号	实训内容	考核要求	配分	得分	存在问题
1	螺纹与面垂直度		3		
2	牙形完整		3		
3	无烂牙		4		
4	丝锥无人为损坏（视程度扣分）				
	总分				
实训心得					

任务7 铰 孔

任务目标

1. 了解铰刀的结构和使用方法。
2. 掌握扩孔技术。
3. 掌握正确的铰孔方法。

相关知识

铰刀的结构：铰刀由柄部、颈部和工作部分组成。常见铰刀分为机用铰刀和手用铰刀两种。

铰削用量：铰孔是尺寸要求和表面粗糙度要求较高的一种孔加工方法，所以铰孔切削量比较小。根据孔径大小，一般 ϕ10 以内的孔，切削余量在 0.1～0.2mm 之间，ϕ10 以上的孔，切削余量在 0.2～0.8mm 之间。

切削液：铰孔时必须加合适的切削液，能保证孔的尺寸精度和孔壁的质量。

实训操作

1. 实训内容

实训坯料为任务 6 加工完成试件，如图 1.23 所示。练习铰孔，加工试件如图 1.24 所示。

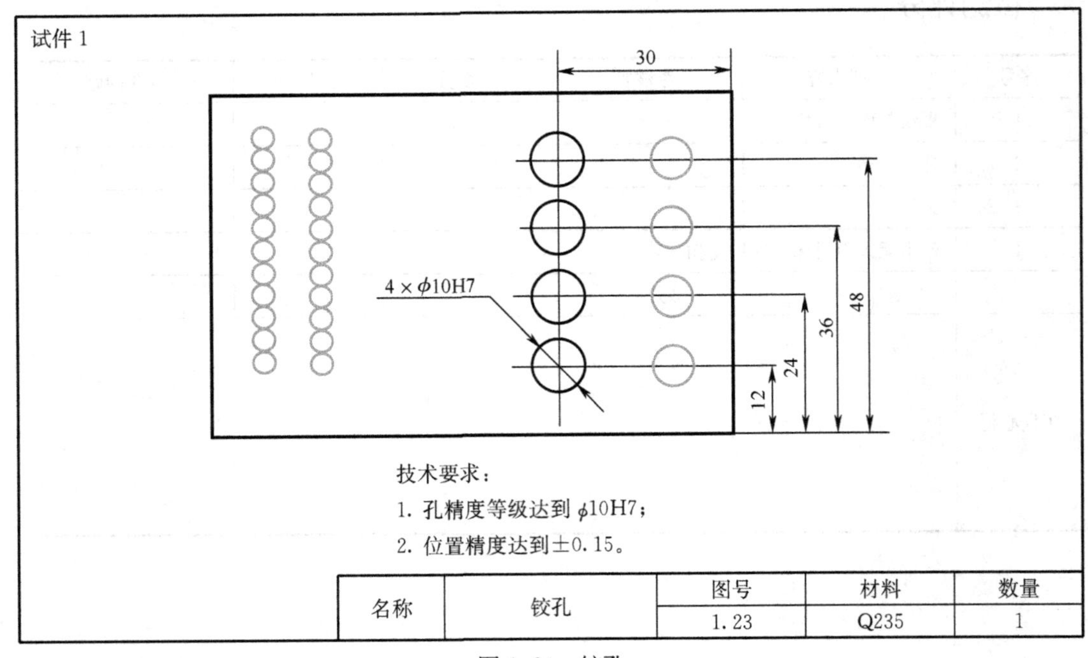

名称	铰孔	图号	材料	数量
		1.23	Q235	1

图 1.24 铰孔

2. 实训工、量具

ϕ6、ϕ9.8、ϕ12 麻花钻，ϕ10H7 手用铰刀，铰杠，高度游标卡尺，游标卡尺，样冲，蓝油。

3. 操作步骤

（1）划线

根据图 1.24，划出孔的中心十字线，并打上样冲眼，按孔的大小划出孔的圆周线。

（2）打孔

先用 ϕ6 打出底孔，用 ϕ9.8 扩孔，再用 ϕ12 倒角。

（3）铰孔

将工件夹于台虎钳上，使孔心竖直，将铰刀小心放入并调整好方向，使工件与孔同心。两手平衡加力铰入，铰完后从下面拉出或继续正转从上面退出。

注意：铰孔时铰刀不能反转，这样会损坏铰刀并破坏孔壁。在铰孔时要根据加工材料选择合适的切削润滑液，这样能保证铰出来的孔的质量和尺寸精度。

4. 铰孔常见问题及原因（表 1.5）

表 1.5　铰孔常见问题及原因

	常见问题	原因分析
1	孔壁表面粗糙，没达到要求	铰刀刃不锋利，或有崩裂
		切削刃上粘有积屑瘤、容屑槽切屑粘积过多
		铰销余量太大或太小
		切削速度太快
		铰刀退出时反转
		切削液不充足或选择不当
		铰刀偏摆过大
		手铰时，铰刀旋转不平稳
2	孔径扩大	选择的铰刀直径不符合要求
		铰刀偏摆过大
		切削速度太高
		进给量和铰削余量太大
	孔径缩小	铰刀磨损严重，尺寸变小
		铰刀磨钝，切削时靠挤压孔壁完成切削
		铰铸铁时加煤油
	孔中心不直	预钻孔不直
		铰刀导向部分锥度太大，导向不好
		手铰时，两手用力不匀
	孔呈多菱形	铰削余量太大，铰刀不锋利
		预钻孔不圆，铰孔时铰刀跳动

检测评分

	实训内容	考核要求	配分	得分	存在问题
	铰 ϕ10H7 孔	孔壁质量合格（每孔 5 分）	20		
		孔径精度 H7（每孔 5 分）	20		
		孔的位置精度（8 处每处 5 分）	40		
		孔与侧面的垂直度（每孔 5 分）	20		
		铰刀有无人为损坏（按程度扣分）			
	总分				
实训心得					

任务8　加工鸭嘴榔头

任务目标

1. 熟练各种划线工具的使用。
2. 学会锉削斜面，并进一步提高平面锉削水平。

实训操作

1. 实训内容

加工图1.25所示鸭嘴榔头（坯料如图1.21所示）。

鸭嘴榔头加工要求：腰圆形孔先打出ϕ9孔，再用圆锉修正。

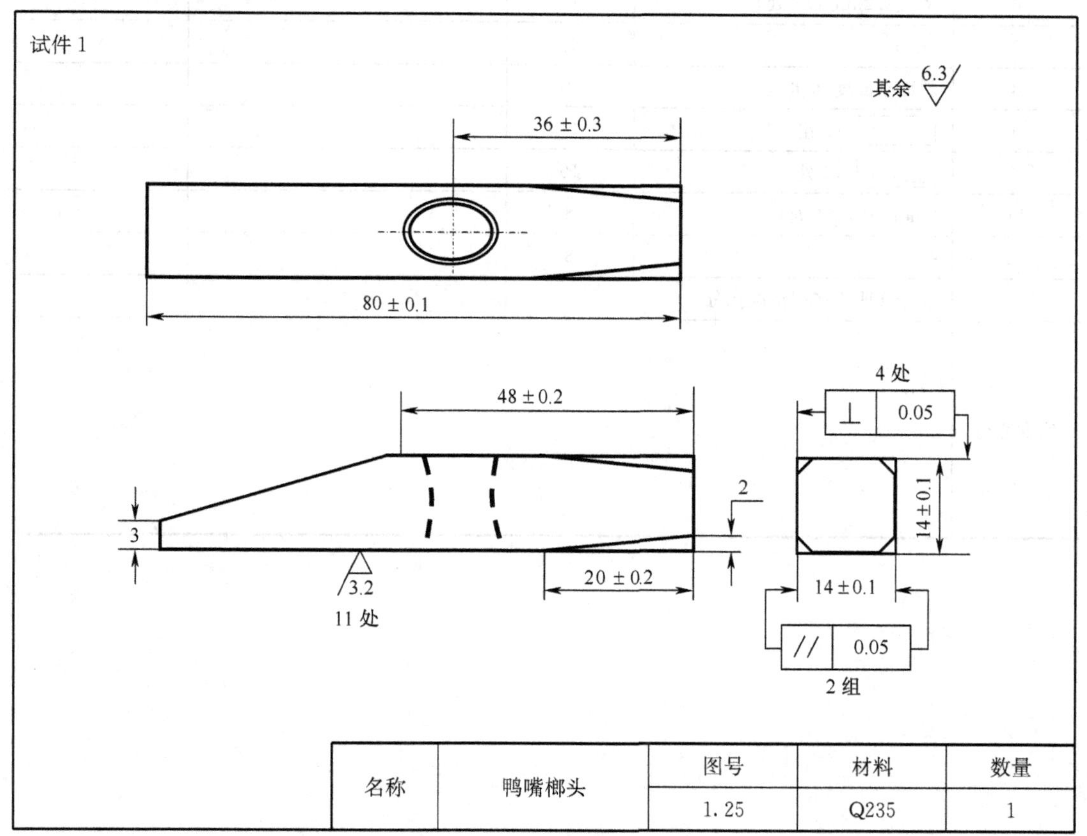

名称	鸭嘴榔头	图号	材料	数量
		1.25	Q235	1

图1.25　鸭嘴榔头

2. 实训工、量具

250mm 或 300mm 粗扁锉，200mm 中齿扁锉，$\phi 6$，$\phi 9$ 钻头，200mm 圆锉，刀口角尺，高度游标卡尺，游标卡尺，蓝油。

检测评分

序号	考核要求	配分	检测结果	得分
1	80±0.1mm	8		
2	14±0.1mm（2 处）	8		
3	48±0.2mm	4		
4	36±0.3mm	4		
5	20±0.2mm（4 处）	12		
6	$R_a \leqslant 3.2\mu m$（11 处）	11		
7	3mm	3		
8	斜面平面度 0.03	4		
9	∥ 0.05（2 组）	14		
10	⊥ 0.05（4 处）	16		
11	2mm 斜角（4 处）	8		
12	孔	8		
	安全文明生产视情况扣分			
实训心得				

任务 9　加工六角螺母

任务目标

1. 掌握互成角度面的锉削方法。
2. 掌握用圆材加工六角体的加工工艺。
3. 掌握倒角方法并进一步提高攻螺纹技术。

实训操作

1. 实训内容

加工六角螺母。加工坯料如图 1.26 所示，加工成图 1.27 所示六角螺母。

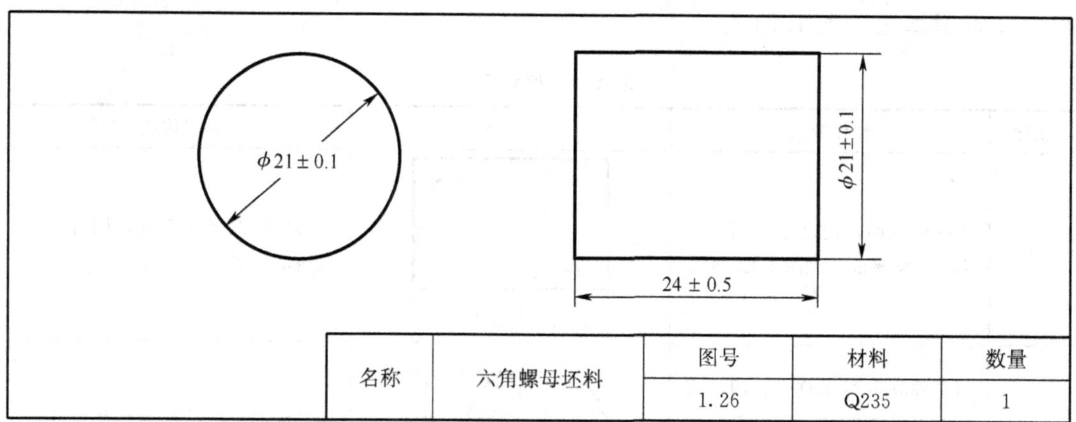

名称	六角螺母坯料	图号	材料	数量
		1.26	Q235	1

图 1.26　六角螺母坯料

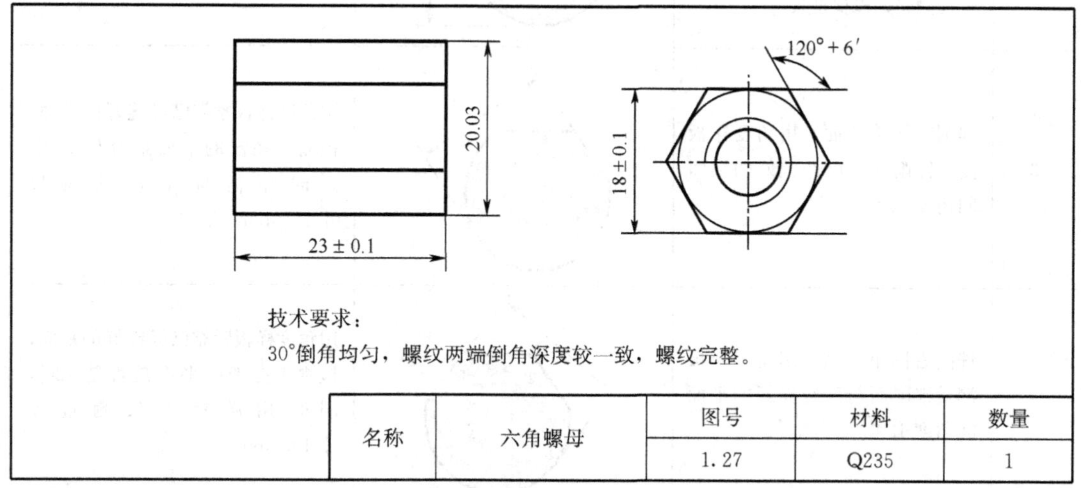

名称	六角螺母	图号	材料	数量
		1.27	Q235	1

图 1.27　六角螺母

2. 实训工、量具（表 1.6）

表 1.6 实训工、量具

名称	规格/mm	精度/mm	数量	名称	规格/mm	精度/mm	数量
高度游标卡尺	0～300	0.02	1	样冲			1
游标卡尺	0～150	0.02	1	划针			1
游标万能角度尺	0°～320°	2′	1	钢直尺	150		1
90°刀口角尺	100×63	0 级	1	粗扁锉	250		1
螺纹塞规	M12	7H	1	中扁锉	200，150		各 1
丝锥	M12	7H	1	细扁锉	150		1
铰杠			1	锉刀刷			1
麻花钻	ϕ6、ϕ10.2、ϕ12.8	H7	各 1	毛刷			1
锯弓、锯条			各 1				

3. 操作工艺（表 1.7）

表 1.7 操作工艺

工序	操作要点	示意图	测量说明
1	锉削两端面，使之垂直圆柱表面，并使平面达到图 1.27 要求	23±0.1	用刀口尺测量垂直度，用游标卡尺测量长度
2	将工件放在 V 形铁上，用高度游标卡尺划出第一个加工面位置，锉削至划线处，并用游标卡尺测量，以保证尺寸	19.5	用游标卡尺测量锉削面与圆柱面的尺寸 19.5mm
3	锉削右图第二面，用角度样板测量锉削面与已经锉好的平面间角度 120°	19.5	用角度样板紧靠已经锉好的平面，检测正在锉的平面是否是 120°，同时用游标卡尺测量尺寸 19.5mm
4	锉削右图第三面，用角度样板测量锉削面与已经锉好的平面间角度 120°	19.5	用角度样板紧靠已经锉好的平面，检测正在锉的平面是否是 120°，同时用游标卡尺测量尺寸 19.5mm

续表

工序	操作要点	示意图	测量说明
5	锉第一平面的对面，使两面距为18 mm，且平行度达到要求	18±0.1	用游标卡尺测量加工面与第一平面的平行度，并使尺寸为18±0.1 mm
6	锉第二平面的对面，使两面距为18 mm，且平行度达到要求	18±0.1	用游标卡尺测量加工面与第二平面的平行度，并使尺寸为18±0.1 mm
7	锉第三平面的对面，使两面距为18 mm，且平行度达到要求	18±0.1	用游标卡尺测量加工面与第三平面的平行度，并使尺寸为18±0.1 mm
8	修正各面，保证六个角为120°±6′，各边尺寸为18±0.1 mm	18±0.1 120°±6′	同时用角度样板（游标万能角度尺）和游标卡尺测量
9	用高度游标卡尺划出中心线，并冲上样冲眼		划线时，以各已经加工边为基准，在划线平台上划线
10	用ϕ6钻打底孔，用ϕ10.2钻扩孔，并用ϕ12.8钻将孔两端倒角		钻孔时，工件要夹平，以保证打出的孔与端面垂直
11	将工件水平夹于台虎钳上，用丝锥头攻攻螺纹，再用二锥复攻一次		夹持时要用软片衬好，以保护已经加工各面
12	两面30°倒角。并对照图纸检测各项要求，合格后，打号上交		倒角时，先将六个角按30°方向锉去角，再用平面摆锉法修成光滑圆锥面

检测评分

<table>
<tr><th colspan="2">序号</th><th>考核要求</th><th>配分</th><th>检测结果</th><th>得分</th></tr>
<tr><td rowspan="8">锉削</td><td>1</td><td>18±0.1mm（3处）</td><td>6×3</td><td></td><td></td></tr>
<tr><td>2</td><td>120°±6′（6处）</td><td>2.5×6</td><td></td><td></td></tr>
<tr><td>3</td><td>30°±32′（2处）</td><td>4</td><td></td><td></td></tr>
<tr><td>4</td><td>23±0.1mm</td><td>5</td><td></td><td></td></tr>
<tr><td>5</td><td>[⊥|0.08|B]（6处）</td><td>2×6</td><td></td><td></td></tr>
<tr><td>6</td><td>[⌯|0.08|A]（3处）</td><td>4×3</td><td></td><td></td></tr>
<tr><td>7</td><td>R_a3.2（7处）</td><td>1×7</td><td></td><td></td></tr>
<tr><td>8</td><td>R_a3.2（30°锥面）</td><td>2</td><td></td><td></td></tr>
<tr><td rowspan="6">攻丝</td><td>9</td><td>M12-7H</td><td>5</td><td></td><td></td></tr>
<tr><td>10</td><td>[⊥|0.2Ⓟ|B]</td><td>10</td><td></td><td></td></tr>
<tr><td>11</td><td>1.5×45°</td><td>2</td><td></td><td></td></tr>
<tr><td>12</td><td>R_a3.2</td><td>3</td><td></td><td></td></tr>
<tr><td>13</td><td>牙形完整</td><td>5</td><td></td><td></td></tr>
<tr><td>14</td><td>安全文明生产</td><td colspan="2">违者视情况扣分1～10分</td><td></td></tr>
<tr><td>实训心得</td><td colspan="5"></td></tr>
</table>

任务 10　加工 90°刀口角尺

任务目标

1. 熟悉各种划线工具的使用。
2. 进一步提高锉削水平，培养精益求精的精神。

实训操作

1. 实训内容

制作 90°刀口角尺。实训坯料如图 1.28 所示，制作成图 1.29 所示 90°刀口角尺。

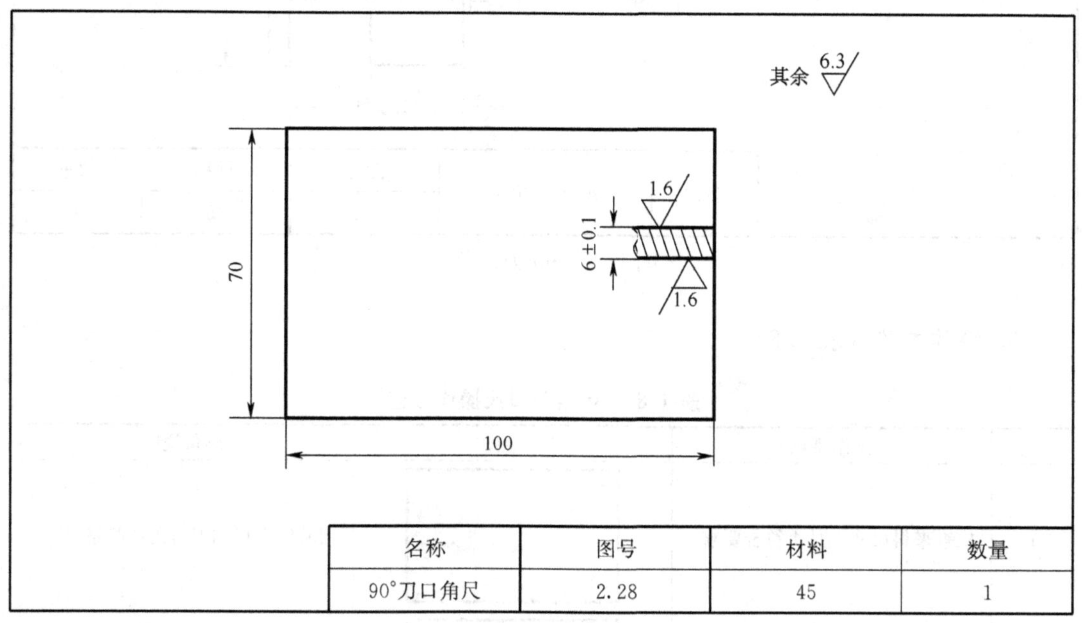

名称	图号	材料	数量
90°刀口角尺	2.28	45	1

图 1.28　坯料图

2. 实训工、量具

250mm 或 300mm 粗扁锉、200mm 中齿扁锉、刀口角尺、高度游标卡尺、游标卡尺、蓝油。

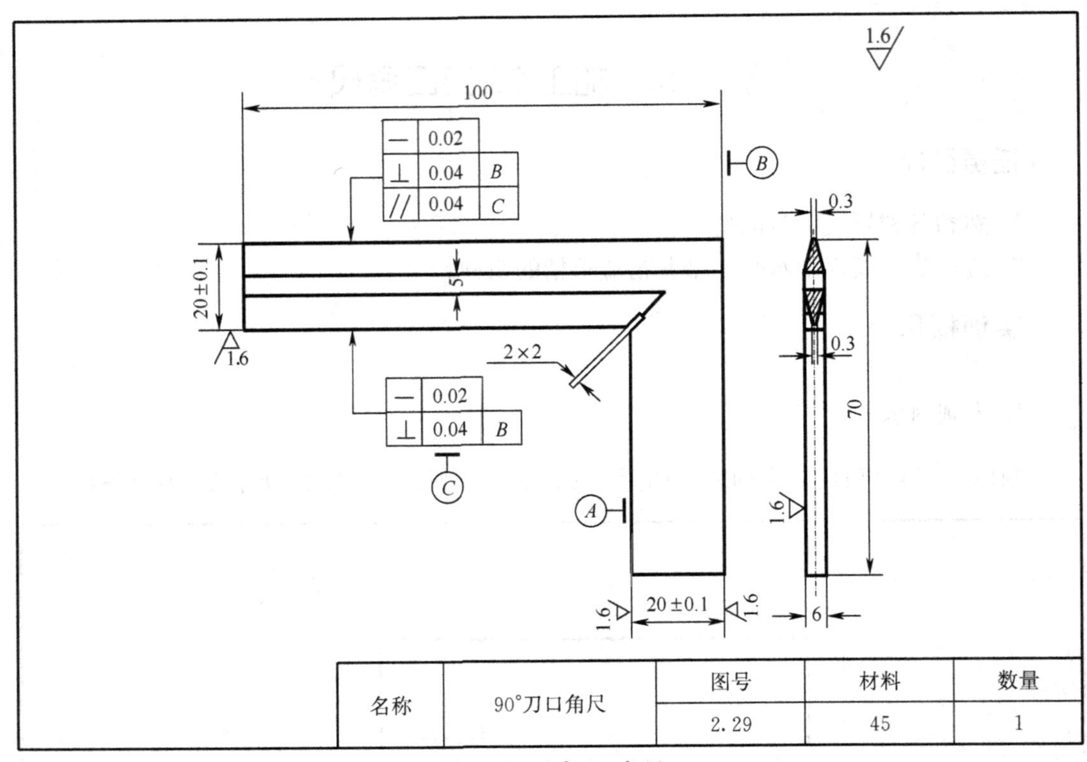

图 1.29　90°刀口角尺

3. 操作工艺（表 1.8）

表 1.8　90°角刀口尺操作工艺

工序	操作要点	示意图	测量说明
1	检查来料尺寸，是否符合要求		用游标卡尺和刀口角尺测量
2	锉削加工两基准面，达到图纸尺寸和垂直度要求		用游标卡尺测量尺寸精度，用刀口角尺测量垂直度要求
3	按图纸要求划出加工线		表面涂上蓝油，然后用高度游标尺划出各垂直、水平线，再用划针划出 45°线
4	锯下内直角余料，以已加工的两个外直角为基准，锉削内直角面，达到图纸要求		这两个面作为测量面，有平面度要求、尺寸要求、平行度要求以及两面间垂直度要求

续表

工序	操作要点	示意图	测量说明
5	对内、外刀面先进行划线。先锉削外刀面至划线位		锉削时可以将工件水平夹于台虎钳上（要衬好软片，以防夹坏已加工面），如因厚度太薄，夹不牢固，可以先固定在木板上
6	按划线位置锉削内刀面至划线处		内刀面锉削时方法如同外刀面加工，但要注意内刀面收角处呈 45°直线，交界处要干净，棱角分明
7	锯割清角槽		此槽深度为 2mm×2mm，如锯缝不够宽，可以用什锦锉修整
8	精修各面，达到尺寸、平面度、和表面粗糙度要求		如有条件，也可以通过研磨达到更高精度
9	按图纸要求检测各面，达到要求后，打号上交	08	

检测评分

序号	考核要求	配分	检测结果	得分
1	20±0.1（2 处）	16		
2	尺座二面平面度 0.02（2 处）	16		
3	二刀口面平面度（2 处）	16		
4	外直角垂直度	10		
5	内直角垂直度	10		
6	R_a≤1.6（4 处）	16		
7	两大平面表面粗糙度（2 处）	10		
8	安全文明生产	6		
实训心得				

单 元 2

钳工典型零件加工训练

内容透视

复杂的钳工工件都是由一些面组成的，本单元将各类钳工工件中出现的面组合归类后进行分解训练。做好本单元训练，能有效提高钳工操作水平，为以后加工比较复杂的工件打好基础。同时，本单元配有典型初级工工件加工训练。

教学目标

1. 学会看工件图，并清楚图上所标各种符号的意义。
2. 进一步提高测量技术，逐步培养精度意识。
3. 掌握曲面、组合面的加工方法及加工要点。
4. 初步了解综合型工件的加工工艺。

任务1　直角小平面加工训练

任务目标

1. 掌握小平面锉削的方法。
2. 学习内角清根方法。
3. 学习根据需要对锉刀等工具进行自加工的方法。

相关知识

在无工艺孔的内直角锉削时，经常会出现平面不平，有凹凸、平面倾斜、两直角平面交会处不干净，在加工第二面时锉刀的侧面会破坏已加工的第一面等问题。下面对加工过程中可能出现的问题作简单分析，以便于读者在操作时心中有数，避免发生上述问题。

1. 平面不平有凹凸

出现小平面凹凸，一般有以下几种情况：一种是选用锉刀面过窄（如方锉、什锦锉、三角锉等），锉刀在锉削时横向没有灵活移动，导致锉削面高低不平，所以，在锉削时要选用宽度与被加工面相当的扁锉。在粗加工时先把面锉平，以利于修正。还有一种可能是锉刀面本身不平，在粗加工后，要通过精修，解决面的不平问题。

2. 平面倾斜

平面倾斜主要是指两种情况：一种是侧倾，即锉出来的平面与侧大平面不垂直，其主要原因是锉刀没拿平，锉削时存在锉刀前低后高或前高后低的问题，解决方法是，要及时测量，发现问题及时纠正，并在锉削时要正常反转工件夹持的方向；另一种是横向倾斜，即形成内高外低或内低外高的问题，主要原因是锉削粗加工时没有及时测量，基础一边高一边低，或者在一个平面上锉削时锉削量不匀，例如，锉刀用力从角处往外推时容易形成外低内高，解决方法是，锉刀前进时不侧移，完成一个或几个来回后再侧移半个锉刀位，依次均匀锉削。

3. 清根不干净

在无工艺孔的内角加工中，经常会碰到清根不干净致使组合件没法相配的问题。操作时锉刀的侧面会碰坏已加工面，同时锉刀平面与侧面过渡是圆弧形，没办法锉出棱角分明的内角。要使两直角面相交分明，没有多余的过渡面，必须对现成的锉刀进行加工。

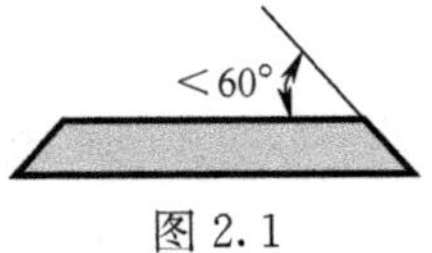

图 2.1

解决方法是用砂轮将中、细锉、什锦扁锉横断面打磨成如图2.1所示形状。（这个角度，便于在以后加工内60°角时用）。为了清根干净，在粗加工时就要打好基础，使交接处分明干净，在精加

工时，两个面交替进行锉削。

实训操作

一、实训操作（一）

1. 实训内容

加工小内直角，试件如图 2.2 所示。

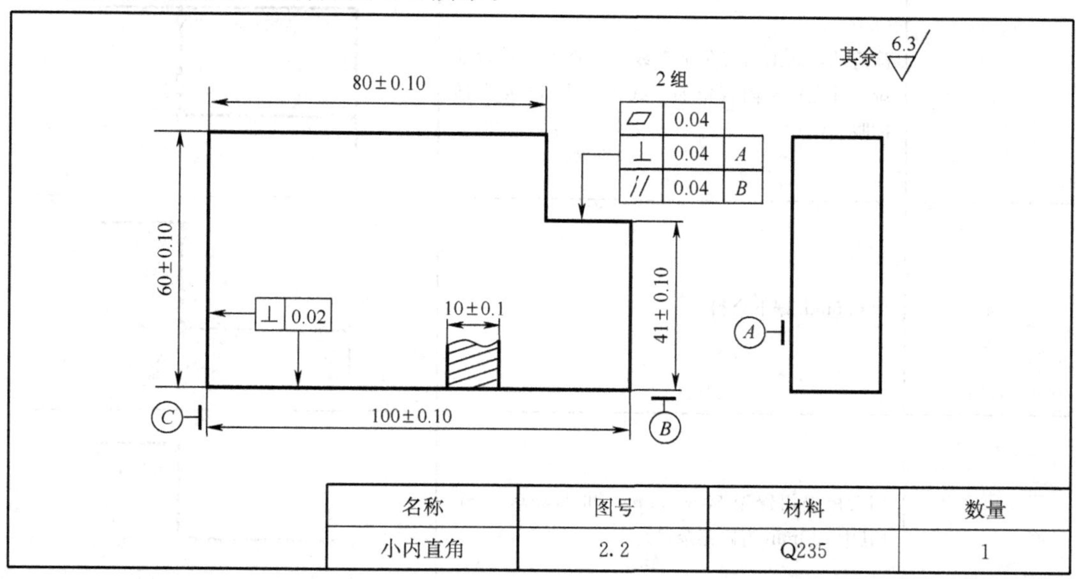

名称	图号	材料	数量
小内直角	2.2	Q235	1

图 2.2　加工小内直角

2. 工、量、刀具清单（表 2.1）

表 2.1　工、量、刀具清单

名称	规格/mm	精度/mm	数量	名称	规格/mm	精度/mm	数量
高度游标卡尺	0～300	0.02	1	中扁锉	200，150		各 1
游标卡尺	0～150	0.02	1	细扁锉	150		1
90°刀口角尺	100×63	0 级	1	什锦锉			1 套
千分卡	0～75		1 套	软钳口板			1 副
圆规			1	锉刀刷			1
锯			1	毛刷			1
粗扁锉	250		1				
备注	蓝油						

3. 操作步骤（表 2.2）

表 2.2　内直角加工步骤

工序	操作要点	示意图
1	检测坯料，是否有足够的加工余量	
2	按试件图纸要求，加工成长方形，尺寸精度和垂直度达到图纸的要求	
3	涂蓝油，划出内直角加工线，检查划线是否准确，并在每条内直角加工线上打上 3～4 个样冲眼	
4	留 0.5mm 锯下余料	
5	用大板锉粗锉至 80＋0.3mm 和 41＋0.3mm，（其中 0.3mm 为修正余量）	
6	用中号锉锉到 80＋0.2mm 和 41＋0.2mm，注意多测量，以防尺寸锉小	
7	用细锉和什锦锉修正，并经常用游标卡尺对尺寸进行测量，用角尺对平面与侧大平面的垂直度进行测量，直到符合图纸尺寸要求（锉好后应该是留半个样冲眼位）	
8	光边，检测，合格后打号上交	

二、实训操作（二）

1. 实训内容

接实训操作（一），精修小内直角，如图 2.3 所示。

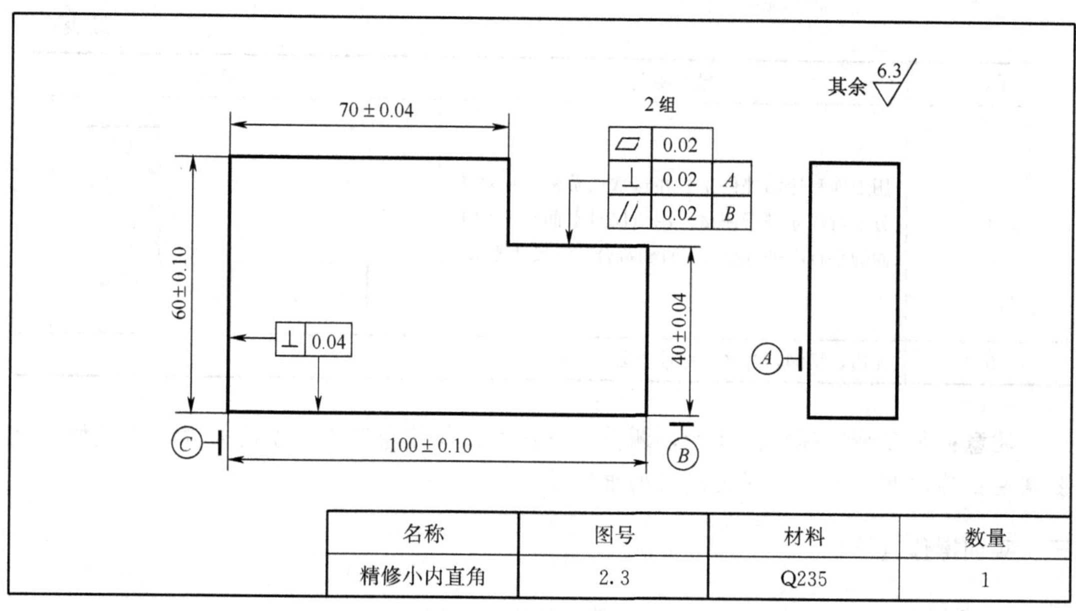

图 2.3　精修小内直角

2. 实训工、量具

同实训操作（一）。

3. 加工步骤（表 2.3）

表 2.3　精修小内直角

工序	操作要点	示意图
1	在实训操作（一）的基础上，对工件重新划线，并在每条内直角加工线上打上 3～4 个样冲眼	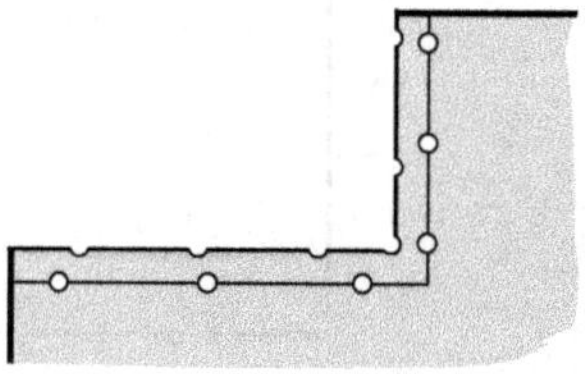
2	用大板锉粗锉至近划线处	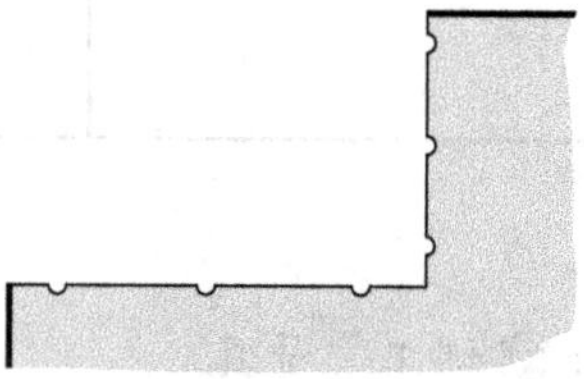
3	用中号锉锉到 70＋0.1mm 和 40＋0.1mm。经常测量，以确保尺寸和垂直度	

续表

工序	操作要点	示意图
4	用细锉和什锦锉修正，并经常用游标卡尺和千分卡对尺寸进行测量，用角尺对平面与侧大平面的垂直度进行测量，直到符合图纸尺寸要求	
5	光边，检测，合格后打号上交	

注意：加工精度高的尺寸时，测量是确保加工尺寸精度不超差的关键，所以加工中要掌握正确的测量方法，保证测量的准确性。

三、实训操作（三）

1. 实训内容

接实训操作（二）所加工试件，加工内直角，如图 2.4 所示。

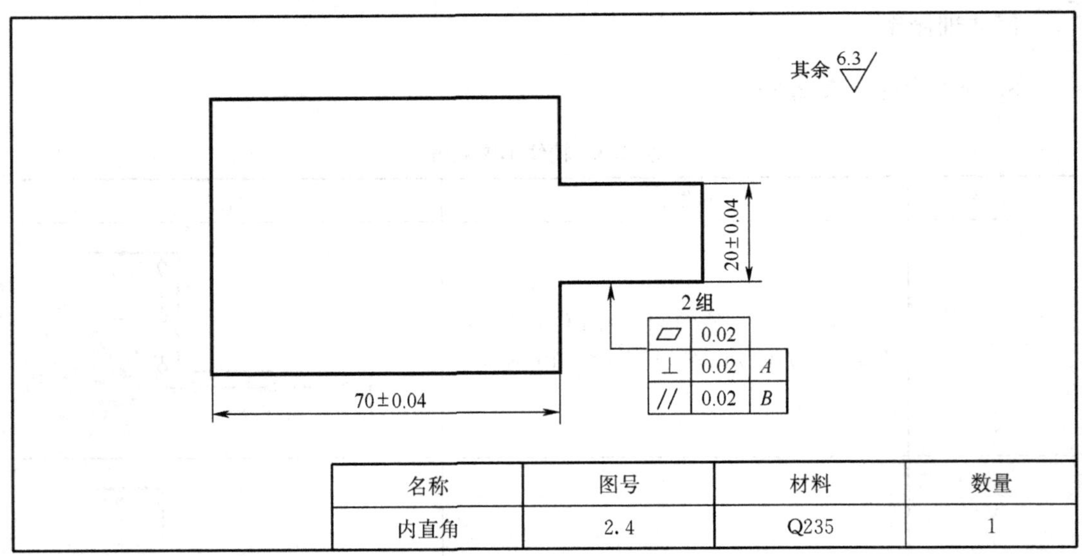

名称	图号	材料	数量
内直角	2.4	Q235	1

图 2.4　加工内直角

2. 实训工、量具

同实训操作（一）。

3. 加工步骤

参考实训操作（一）中加工步骤。加工完成后，需要注意以下两个问题。

1）20mm×30mm 凸头是否歪斜？应该如何测量？

2）由于宽度 60 mm 尺寸允许偏差±0.10mm，按现存的加工顺序会产生凸头对称性达不到要求的问题，应该对哪些步骤作必要的改正？

检测评分

实训操作（一）加工小内直角评分

序号	考核要求	配分	检测结果	得分
1	100±0.10mm	8		
2	60±0.10mm	8		
3	80±0.10mm	8		
4	41±0.10mm	8		
5	⊥ 0.04 A（2 处）	20		
6	⊥ 0.02 C	8		
7	// 0.04 B（2 处）	20		
8	▱ 0.04（2 处）	20		
9	安全文明生产			
备注				

实训操作（二）精修小内直角评分

序号	考核要求	配分	检测结果	得分
1	70±0.04	20		
2	40±0.04	20		
3	⊥ 0.02 A（2 处）	20		
4	// 0.02 B（2 处）	20		
5	▱ 0.02（2 处）	20		
6	安全文明生产			
备注				

实训操作（三）加工内直角评分

序号	考核要求	配分	检测结果	得分
1	70±0.04mm	20		
2	20±0.04mm	20		
3	⊥ 0.02 A （2处）	20		
4	// 0.02 B （2处）	20		
5	▱ 0.02 （2处）	20		
6	安全文明生产			
备注				

任务 2　内直角凹槽加工训练

任务目标

1. 掌握有对称要求的凹槽划线的方法。
2. 掌握凹槽的加工步骤。
3. 掌握凹槽三个面的测量的方法。

实训操作

一、实训操作（一）

1. 实训内容

将图 2.4 所示试件加工成凹槽，如图 2.5 所示。

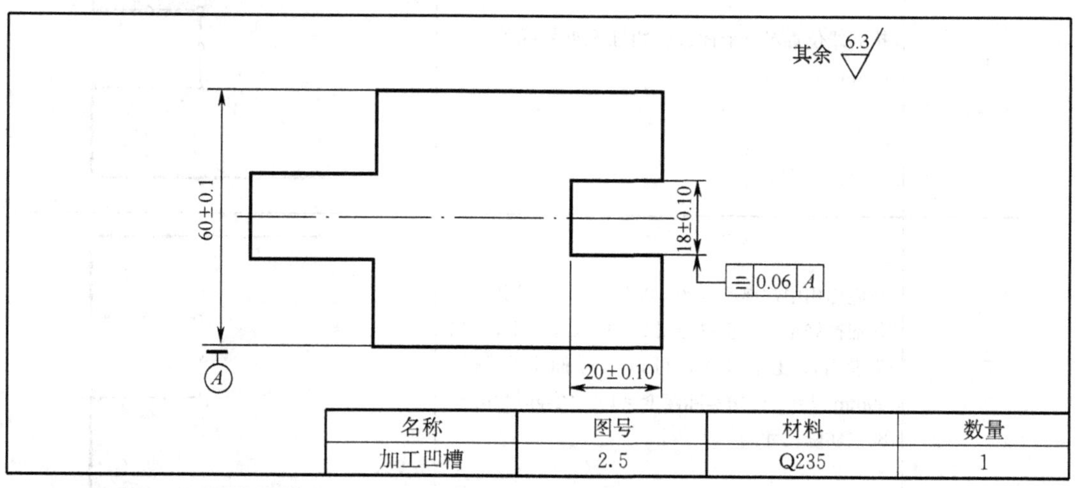

图 2.5　加工凹槽

2. 操作步骤（表 2.4）

表 2.4　凹槽加工步骤

序号	操作要点	示意图
1	对任务 1 中实训操作（三）加工完成的材料，测出实际宽度尺寸，先按此尺寸的 1/2 划出中性线，再按 $\pm\frac{1}{2}\times 18\text{mm}$ 划出上下边线，再划出 20mm 尺寸线，并在每条线上打出 3～4 个样冲眼	

续表

序号	操作要点	示意图
2	20mm 尺寸线上留出 2.5mm 划排孔线，并按打排孔的方法，划出中心，打出钻孔样冲眼	
3	打排孔，并锯两边，用錾子取下余料	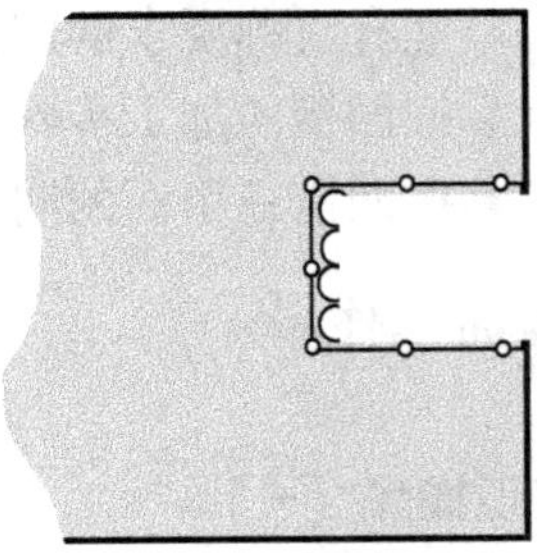
4	按划线位置对三个面进行粗锉至近划线处（留 0.3mm）	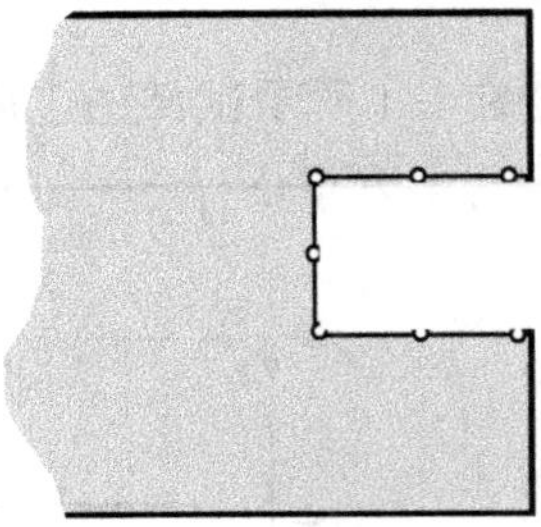
5	将底面用中锉锉至（20－0.1）mm，再用细锉、什锦锉修正，直至符合图 2.5 中尺寸要求；[如果没用深度千分尺，可以用游标卡尺测量 80mm 尺寸，凹槽实际深度＝100（实际尺寸）－80（实际尺寸）]	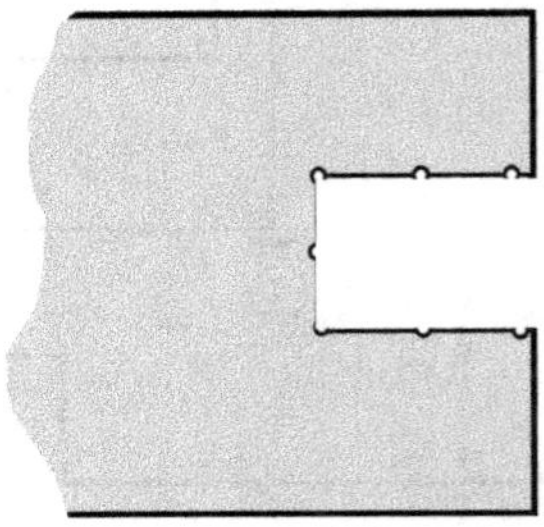
6	依次加工两侧面，分别用中锉、细锉、什锦锉修正，直至符合图 2.5 中尺寸要求，测量方法是$\frac{1}{2}$×［60（实际尺寸）－18±0.10］，并同时用游标卡尺测内径	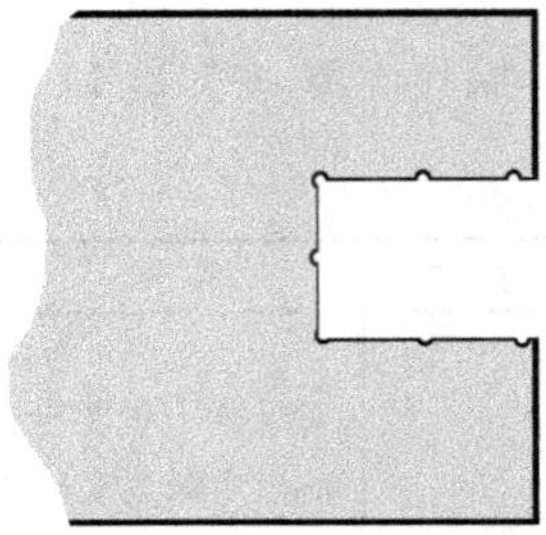
7	光边，检验，合格后上交	

二、实训操作（二）

1. 实训内容

提高凹槽锉削加工精度，如图 2.6 所示。

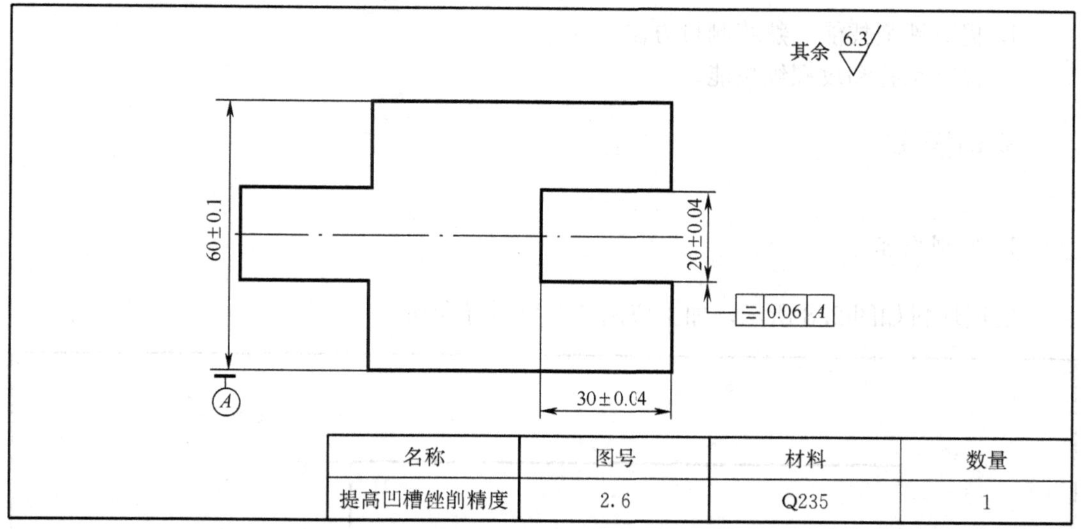

名称	图号	材料	数量
提高凹槽锉削精度	2.6	Q235	1

图 2.6　提高凹槽锉削精度

2. 加工步骤

加工步骤如实训操作（一），几点说明如下所述。

1）为了提高加工精度，熟练千分尺的测量，建议本实训操作中用游标卡尺和千分尺对相关尺寸进行测量。

2）测量记录完毕后，将试件锯开试配（图 2.7），以做进一步的检验（可以作适当修配）。

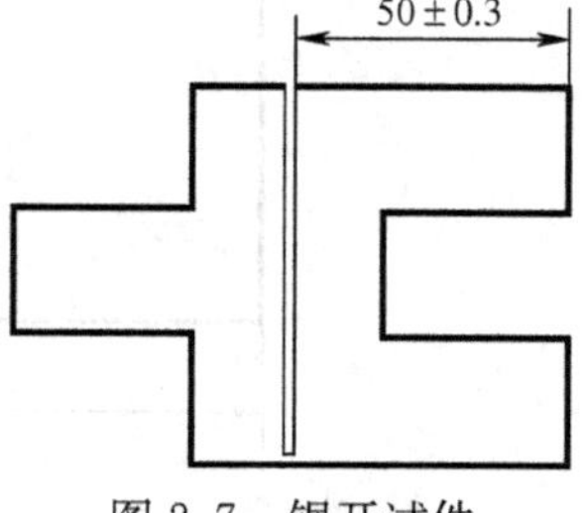

图 2.7　锯开试件

3. 实训思考

1）凹槽加工中常会出现哪些问题？

2）凸凹相配程度与测量所得的尺寸关系如何？在以后类似的工件中，应如何控制凸凹的公差，才能使两者相配达到图纸要求？

任务3　导向块加工训练

任务目标

1. 提高锉削技能、熟练测量方法。
2. 提高钻孔和攻螺纹技能。

实训操作

1. 实训内容

实训坯料如图 2.8 所示，加工成图 2.9 所示导向块。

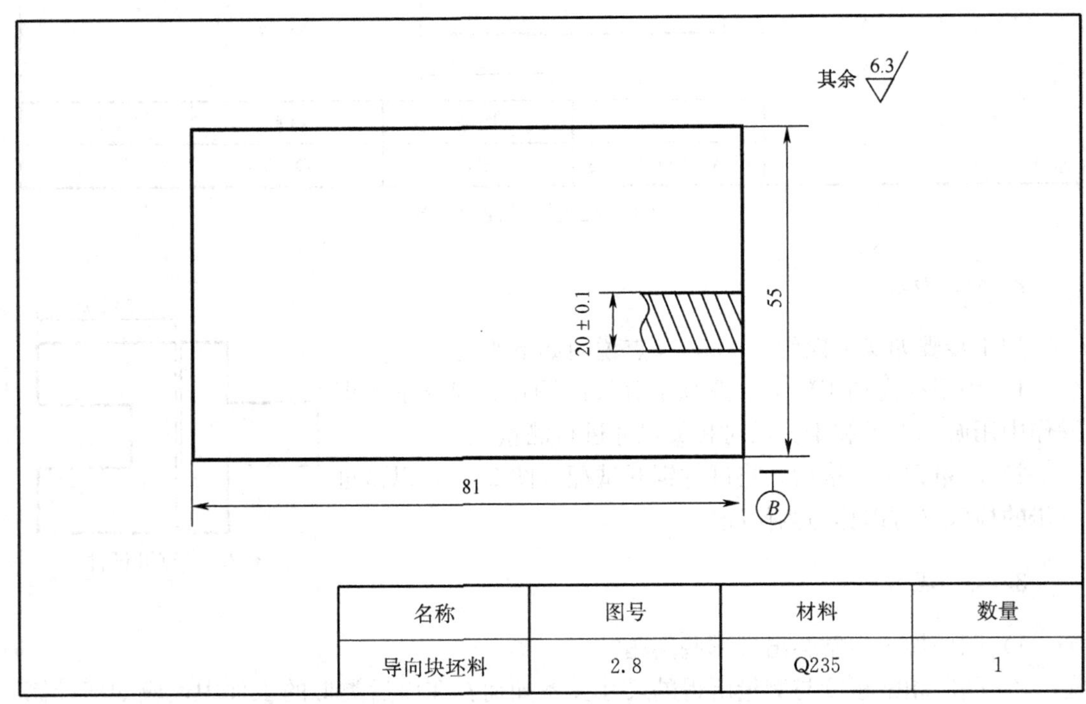

名称	图号	材料	数量
导向块坯料	2.8	Q235	1

图 2.8　导向块坯料

2. 工、量、刀具清单（表 2.5）

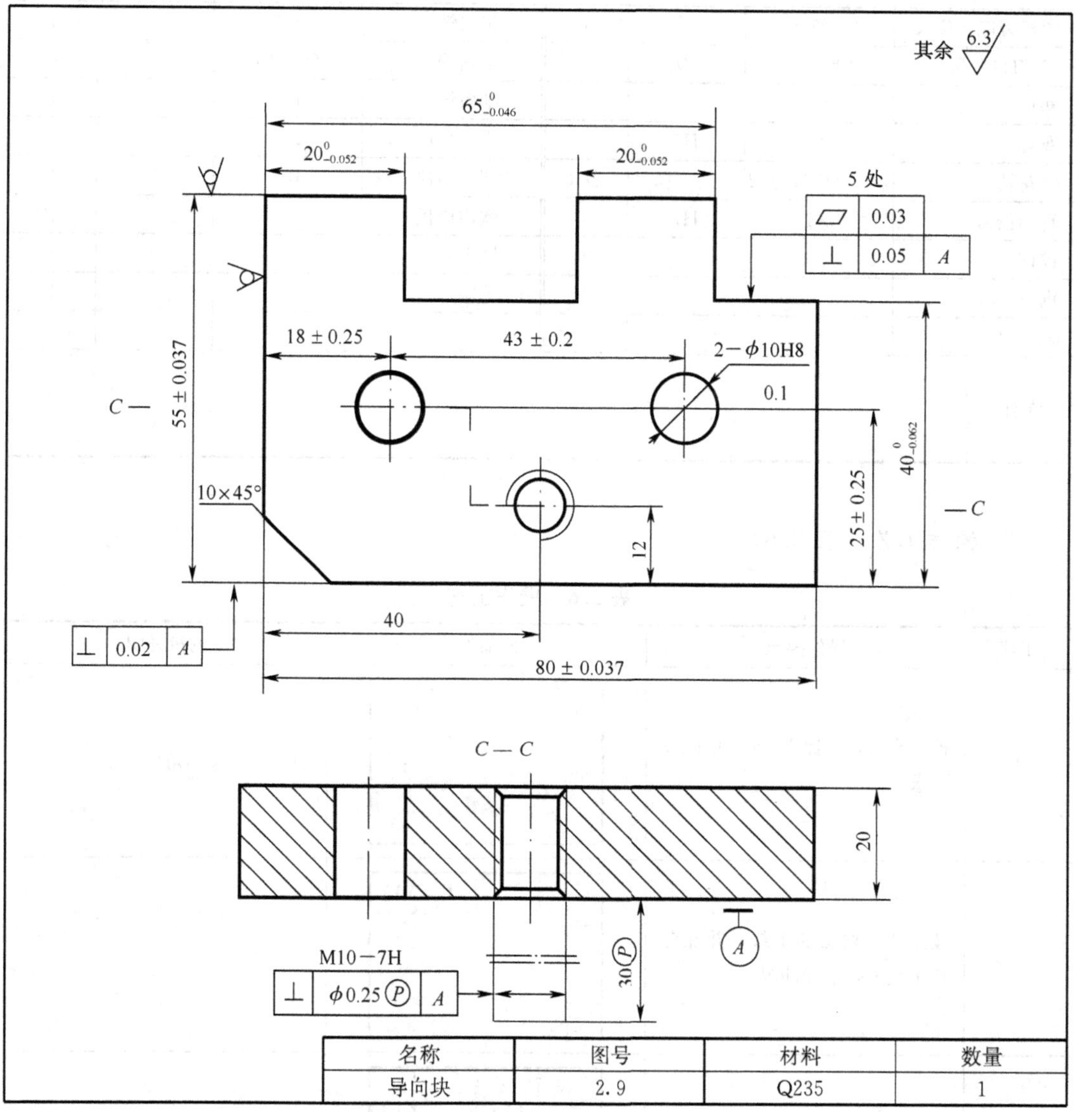

名称	图号	材料	数量
导向块	2.9	Q235	1

图 2.9　导向块

表 2.5　工、量、刀具清单

名称	规格/mm	精度/mm	数量	名称	规格/mm	精度/mm	数量
高度游标卡尺	0～300	0.02	1	锯条			1
游标卡尺	0～150	0.02	1	锤子			1
外径千分尺	0～25	0.01	1	狭錾子			1
	25～50	0.01	1	样冲			1
	50～75	0.01	1	划针			1

续表

名称	规格/mm	精度/mm	数量	名称	规格/mm	精度/mm	数量
游标万能角度尺	0°～320°	2′	1	粗扁锉	250		1
90°刀口角尺	100×63	0级	1	中扁锉	200，150		各1
塞尺	0.02～1		1	细扁锉	150		1
塞规	$\phi8$	H7	1	粗三角锉	250		1
麻花钻	$\phi4$，$\phi4.7$，$\phi12$		各1	细三角锉	150		1
直柄铰刀	$\phi8$	H7	1	软钳口板			1副
铰杠			1	锉刀刷			1
锯弓			1	毛刷			1
钢直尺	150		1				
备注							

3. 操作工艺（表2.6）

表2.6 操作工艺

工序	操作要点	示意图	测量说明
1	检查来料，并锉方，达到图2.8要求		用游标卡尺和角尺测量
2	按图2.9划出加工线，并在各加工线上打上样冲眼		
3	钻排孔，锯割，取下余料		
4	先加工右侧缺口达到图纸要求	L_1 L_2	用角尺测量平面的平面度、侧垂度，用游标卡尺和千分卡测量 L_1 和 L_2 的尺寸

续表

工序	操作要点	示意图	测量说明
5	加工中间槽口，然后加工左下角，达到图 2.9 要求		用角尺测量平面的平面度、侧垂度，用游标卡尺和千分卡测量 L_1、L_2 和 L_3 的尺寸
6	划出孔加工线，打上样冲眼，钻 ϕ6 底孔，再分别用 ϕ9.8、ϕ8.5 扩孔，并将孔口按不同加工情况倒角		在打底孔和扩孔时，要随时用游标卡尺测量孔的位置，以便在打孔时调整，保证孔的位置精度
7	铰孔，攻丝纹，光边，全面检查，打号上交		用圆柱塞规和螺纹规测量 ϕ10H8 孔和 M10H7 螺纹

检测评分

项目	工序	考核要求	配分	评分标准	检测结果	得分
锉削	1	55±0.037mm	5			
	2	80±0.037mm	5			
	3	⊥ 0.02 A	5			
	4	$65_{-0.046}^{0}$ mm	5			
	5	$20_{-0.052}^{0}$ mm（2 处）	10			
	6	$40_{-0.062}^{0}$ mm（2 处）	10			
	7	▱ 0.03 （5 处）	10			
	8	⊥ 0.05 A （5 处）	10			
	9	$R_a \leqslant 3.2\mu m$（6 处）	6			
铰攻	10	ϕ10H8（2 处）	4			
	11	M10－7H	3			
	12	18±0.25mm	4			
	13	25±0.25mm（2 处）	8			
	14	43±0.2mm	5			
	15	$R_a \leqslant 1.6\mu m$（2 处）	2			
	16	⊥ ϕ0.25 Ⓟ A	8			
	17	安全文明生产	违者扣 1～10 分			
作业点评						
姓名		日期		总分		

任务4　锉配凸凹体

任务目标

1. 熟悉直角小平面的加工方法。
2. 掌握对称度的测量和控制要点。
3. 熟悉锉配的操作思路，掌握锉配操作要点。

实训操作

凸凹体锉配的主要问题是控制好对称度。为保护凸件对称度要求，加工时用间接测量的方法控制有关工艺尺寸。

1. 实训内容

加工坯料如图2.10所示，加工成图2.11所示的凸凹体。

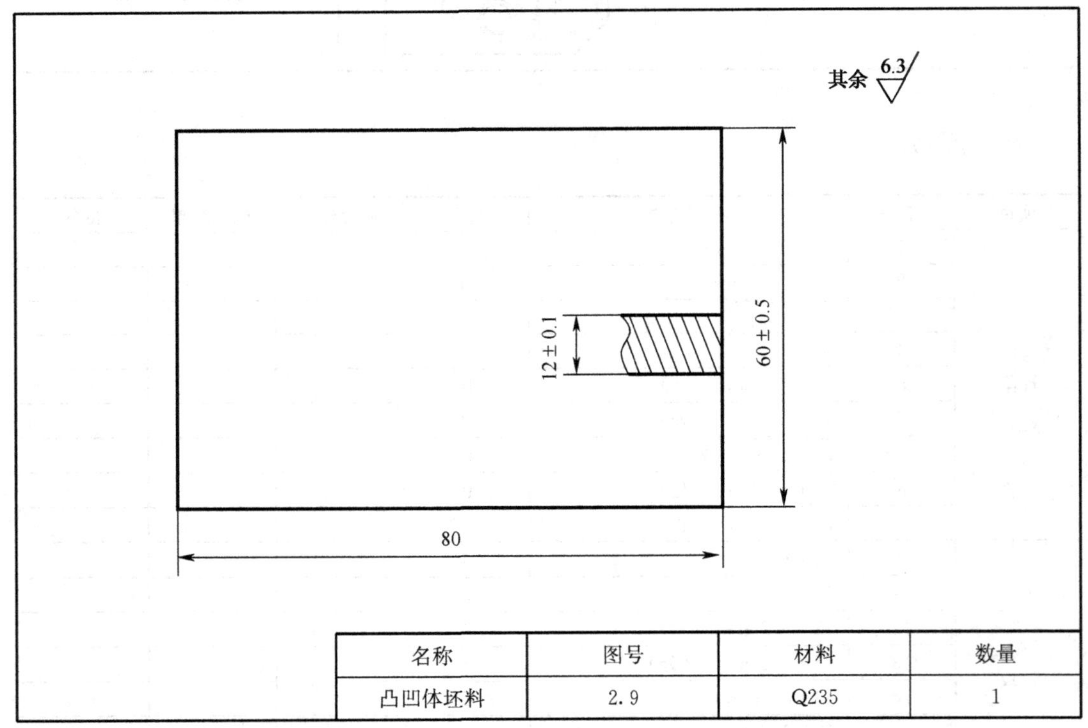

名称	图号	材料	数量
凸凹体坯料	2.9	Q235	1

图2.10　凸凹体坯料

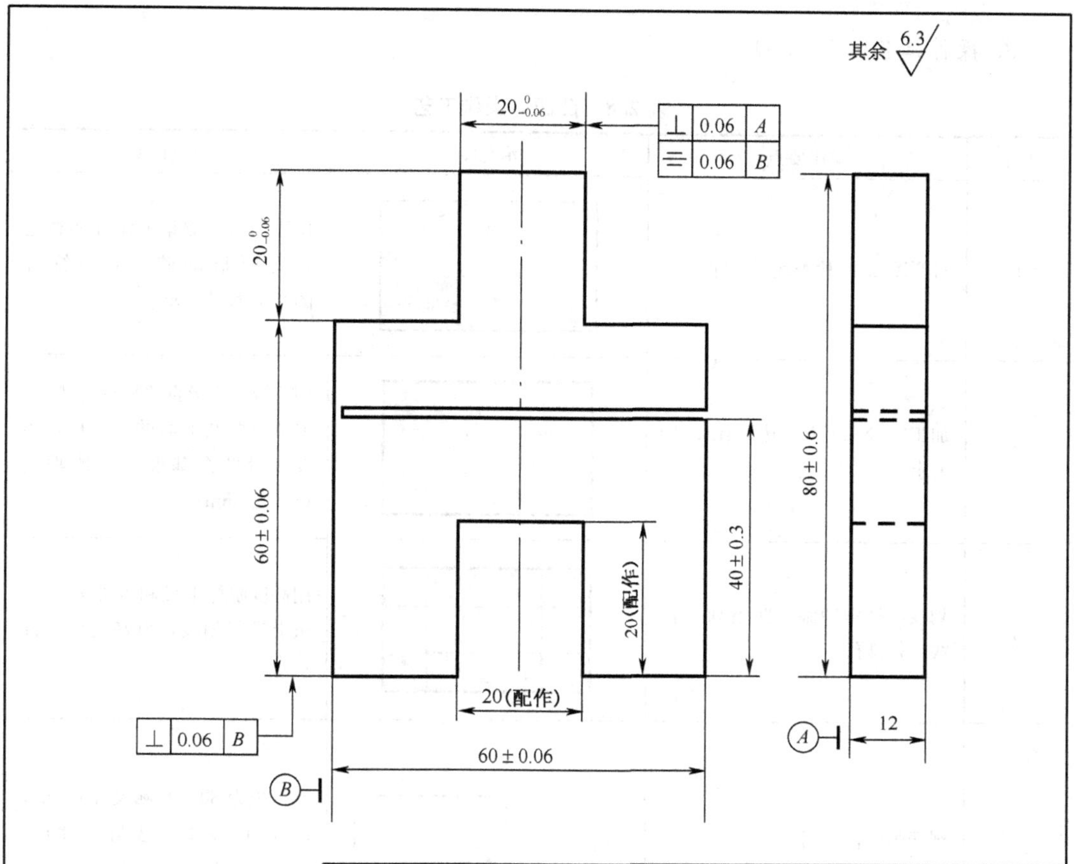

名称	图号	材料	数量
锉配凸凹体	2.11	Q235	1

图 2.11　锉配凸凹体

2. 量、刀具清单（表 2.7）

表 2.7　量、刀具清单

名称	规格/mm	精度/mm	数量	名称	规格/mm	精度/mm	数量
高度游标卡尺	0～300	0.02	1	狭錾子			1
游标卡尺	0～150	0.02	1	样冲			1
外径千分尺	0～25	0.01	1	划针			1
	25～50	0.01	1	钢直尺	150		1
	50～75	0.01	1	粗扁锉	250		1
90°刀口角尺	100×63	0 级	1	中扁锉	200、150		各 1
塞尺	0.02～1		1	细扁锉	150		1
麻花钻	$\phi 4$		1	什锦锉			一套
锯弓			1	软钳口板			1 副
锯条			1	锉刀刷			1
锤子			1	毛刷			1
备注							

3. 操作工艺（表 2.8）

表 2.8　凸凹体操作工艺

工序	操作要点	示意图	测量说明
1	对照图 2.10 检查坯料尺寸		用游标卡尺测量，检查坯料是否有明显缺陷，是否符合图 2.10尺寸要求
2	加工 60×80 方，达到图 2.10 要求		用 0 级或 1 级直角尺进行测量，要测量两基准面的垂直度，还要测量两个基准面的侧垂度（⊥0.02mm）
3	划线，打样冲眼，凹槽划排孔线，打排孔	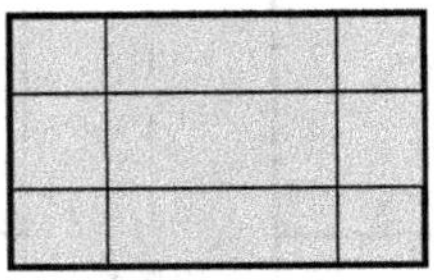	用高度游标卡尺和 V 形铁在平板上进行划线，划好线后进行检查
4	锯锉削凸台一侧	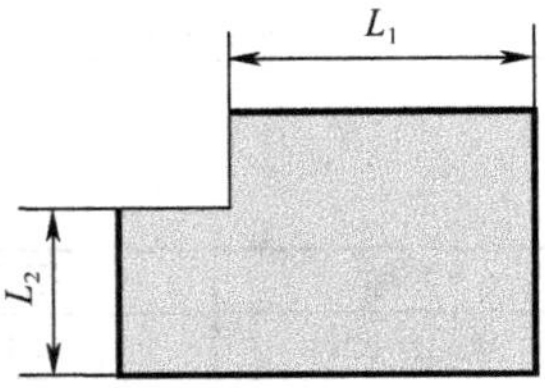 L_1 L_2	凸台长为 80（实际尺寸）$-L_1$，L_2 为 1/2×60（实际尺寸）－1/2×$20_{-0.06}^{0}$（实际尺寸）mm
5	加工凸台另一侧	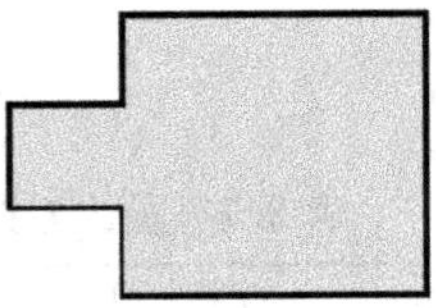	用游标卡尺测量，最后用外径千分测量，使凸台深度同上一步，宽达到 $20_{-0.06}^{0}$mm
6	划线、打排孔、锯割、取下凹槽余料	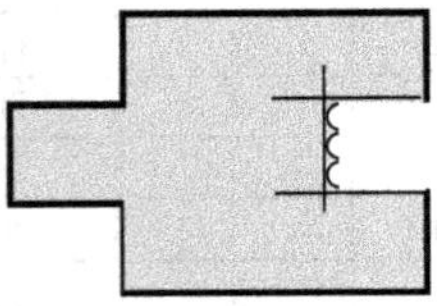	划线后用游标卡尺检验划线尺寸是否精确
7	按划线粗锉凹槽各面，留 0.3mm 左右余量	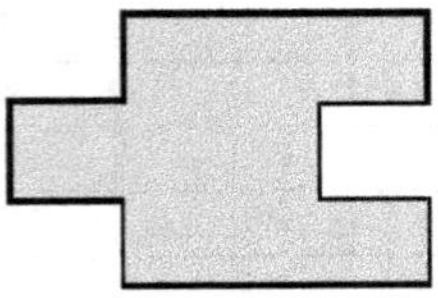	用游标卡尺测量各加工面

续表

工序	操作要点	示意图	测量说明
8	先精加工凹槽两个侧面，达到图 2.11 所示精度要求		用游标卡尺测量也可用千分尺进行精测
9	最后精加工底面		用游标卡尺测量也可用千分尺进行精测
10	各棱去毛刺，并对照图 2.11 全面检测各个尺寸		
11	划锯割线，锯割，打号上交		

检测评分

项目	序号	考核要求	配分	评分标准	检测结果	得分
锉配凸凹体	1	$20_{-0.06}^{\ 0}$mm（2 处）	6×3			
	2	40±0.3mm	6			
	3	80±0.06mm	4			
	4	⊥ 0.04 A	6			
	5	⊥ 0.06 B	6			
	6	配合间隙≤0.10mm（5 处）	30			
	7	配合错位量≤0.10mm（2 处）	10			
	8	R_a≤3.2μm（10 处）	12			
	9	安全文明生产	6			
作业点评						

任务5　角度锉削训练

任务目标

1. 掌握非垂直相交面的相关计算和划线方法。
2. 掌握相关的加工工艺。
3. 学会用相关的量具进行测量。

相关知识

角度加工在钳工操作中经常碰到，但由于被加工的面与基准面既不垂直，也不平行，加工方法与垂直面加工稍有不同，学会非垂直平面的加工方法对提高钳工操作技术很重要。同时，测量方法与以往也有不同，学会用相关量具进行测量同样很重要。同时，测量方法与以往也有不同，学会用相关量具进行测量同样很重要。

下面就非垂直平面加工常见问题作一些说明，以便在实训过程中抓住要点，提高操作技能。

1. 角度不准，误差过大

非垂直面与基准成一定角度，为了便于加工，可以把要加工的平面夹成与台虎钳口平行（此时工件是斜的），但往往因为夹持不平，导致平面加工时一边高一边低，所以在夹持时要根据划线，把工件夹平再进行锉削。另外，虽然工件夹得很平，锉削时仍是一边高一边低，这时可能是由于选用锉刀过大或用力不均引起的，应及时调整握锉习惯和用力习惯。

2. 平面中凸

平面中凸是小平面加工过程中最常见的问题之一，解决方法是：用大板锉锉削时留的余量少些，改用中号锉锉削留的余量不要超过 0.10mm，尽量少用什锦锉进行顺向锉。

3. 尺寸超差

非垂直平面加工时，其尺寸除与斜面有关外，还与另一个基准面有关。如图 2.12 所示，当 A 面不变时，锉削 B 面会使 L 尺寸变小；当 B 面不变时，锉削 A 面也会使 L 尺寸变小。所以在加工时要注意加工顺序，一般先锉好水平面，达到图纸要求后，不再加工；再锉削 B 面，这样有利于把握尺寸精度。

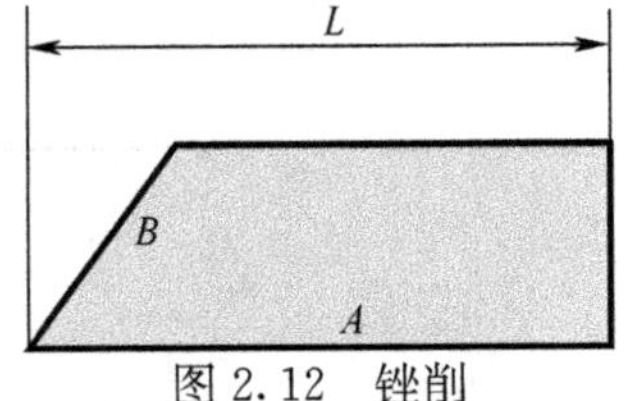

图 2.12　锉削

实训操作

一、实训操作（一）

1. 实训内容

学习角度锉削加工方法，掌握其中的要点，加工试件如图 2.13 所示。

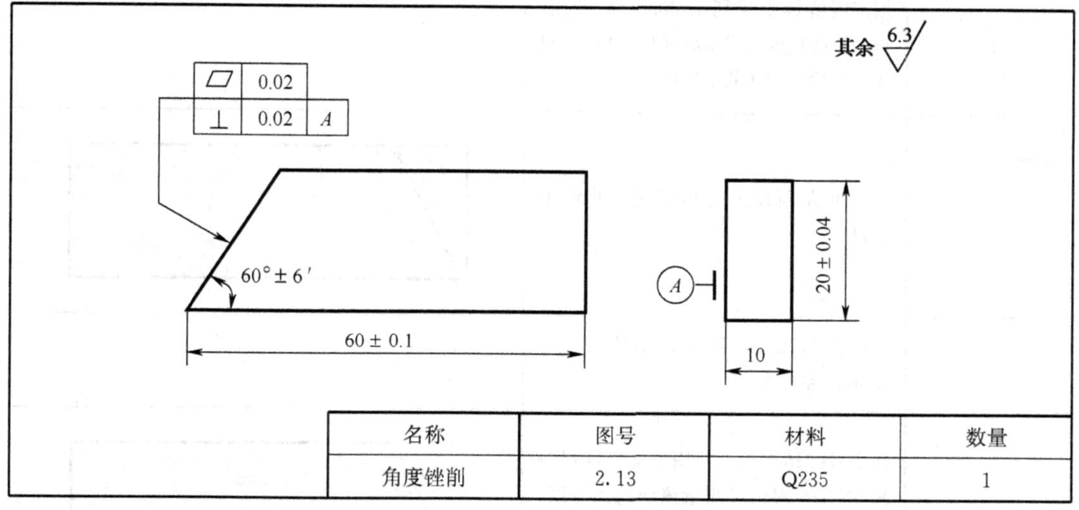

图 2.13　角度锉削

2. 工、量、刀具清单（表 2.9）

表 2.9　工、量、刀具清单

名称	规格/mm	精度/mm	数量	名称	规格/mm	精度/mm	数量
高度游标卡尺	0～300	0.02	1	粗扁锉	250		1
游标卡尺	0～150	0.02	1	中扁锉	200，150		各 1
90°刀口角尺	100×63	0 级	1	细扁锉	150		1
千分卡	0～75		1 套	三角锉	200		1
圆规			1	什锦锉			1 套
钻头	$\phi 3$		若干	样冲			1
锯			1	软钳口板			1 副
万能角度尺	0～320°	2′	1	锉刀刷			1
测量棒	$\phi 10\times 15$		2	毛刷			1
备注	蓝油						

3. 加工步骤（表 2.10）

表 2.10　角度挫削加工步骤

工序	操作要点	示意图
1	加工来料，锉好三条直角边，宽度达到图 2.13 要求	
2	用高度游标卡尺划出 60mm 高度线，再用万能角度尺或角度样板划出 60°斜线，并检测划线的准确性	
3	用样冲在划线上打出印记，并锯下余料	
4	用粗锉粗加工，锉至近划线处（留 0.3mm 左右余量）	
5	换中号锉精加工，并用万能角度尺测量 60°角，用角尺测量该面的侧垂度，再用卡尺测量长度 60 ± 0.1（留 0.06mm 左右余量）	
6	最后用细锉或什锦锉精修至图 2.13 要求	

二、实训操作（二）

1. 实训内容

进一步熟悉角度锉削加工方法，掌握其中的要点，如图 2.14 所示。

2. 实训工、量、刀具

实训工、量、刀具见表 2.9。

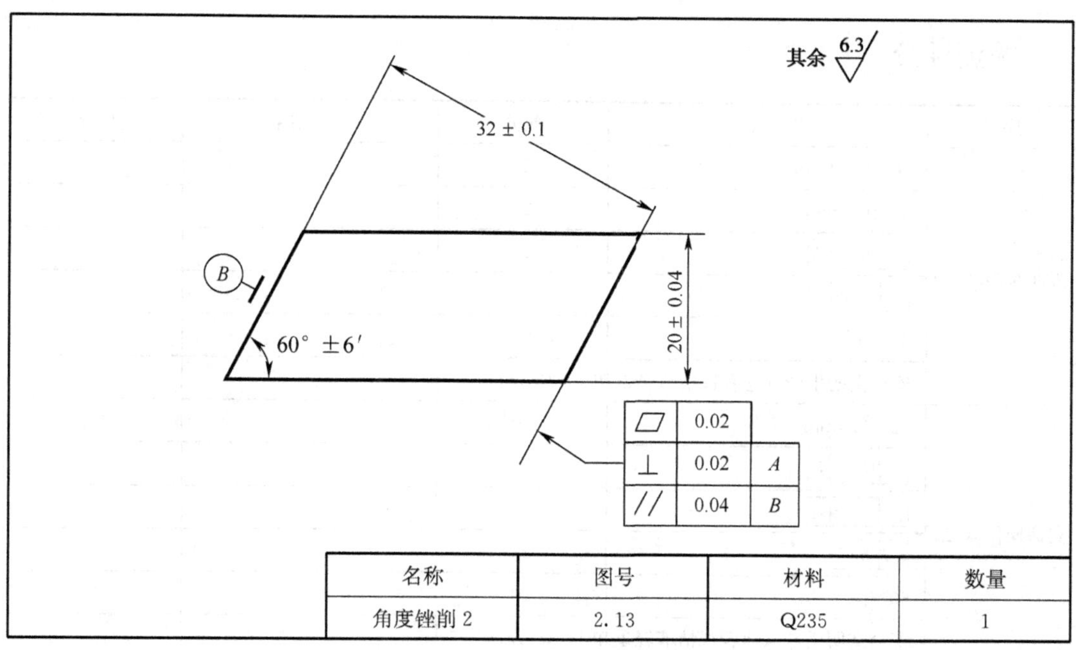

图 2.14 角度锉削

3. 操作步骤（表 2.11）

表 2.11 角度锉削加工步骤

工序	操作要点	示意图
1	以实训操作（一）中已经加工好的斜面为基准，用高度尺划出 32mm 尺寸的第二斜面	
2	用样冲在划线上打出印记，并锯下余料	
3	用粗锉粗加工，锉至近划线处（留 0.3 mm 左右余量）	
4	换中号锉，精加工，并用万能角度尺测量 60°角，用角尺测量该面的侧垂度，再用卡尺测量长度 32 ±0.1mm 尺寸（留 0.06mm 左右余量）	
5	用细锉或什锦锉修至图 2.14 要求	

检测评分

序号	考核要求	配分	检测结果	得分
实训操作（一）	20±0.04mm	20		
	60±0.1mm	20		
	⊥ 0.02 A	20		
	▱ 0.02	20		
	60°±6′	20		
	安全文明生产（违者视情节轻重扣1～10分）			
实训操作（二）	32±0.4mm	20		
	// 0.04 B	20		
	⊥ 0.02 A	20		
	▱ 0.02	20		
	60°±6′	20		
	安全文明生产（违者视情节轻重扣1～10分）			
总分				
实训心得				

任务 6 制作角度样板

任务目标

1. 掌握多角度斜面加工工艺。
2. 进一步提高斜面加工的水平。

实训操作

本任务要注意：①划线是本任务的难点之一，在划线之前要做好准确的分析和计算；②制定正确的加工工艺，按步骤加工才能保证各面都能达到图样要求；③角度的测量直接决定角度的加工精度。由于测量角度一般用比较法，测量精度和测量者使用的方法与熟练程度有密切关系，因此正确掌握角度测量方法，提高测量水平才能保证本任务高质量地完成。

1. 实训内容

实训坯料如图 2.15 所示，加工成图 2.16 所示试件。

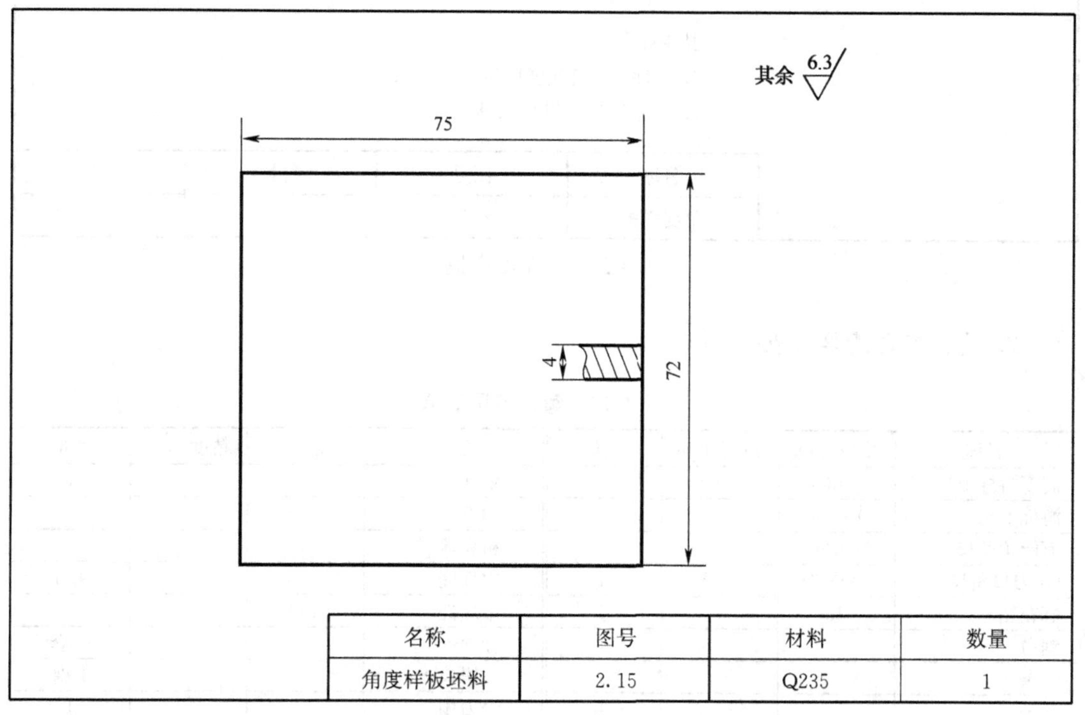

图 2.15 角度样板坯料

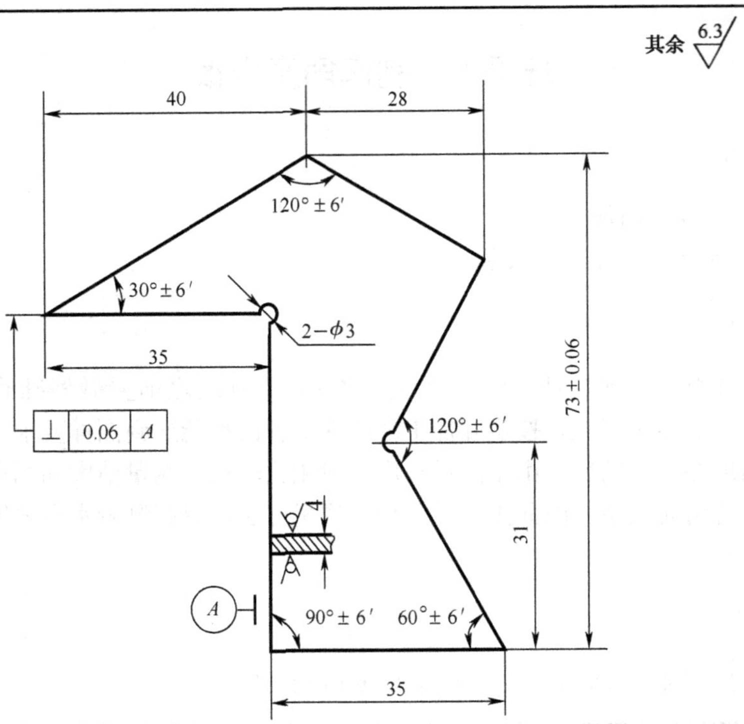

技术要求：

1. 工件表面直线度均为 0.06mm；
2. 未注公差按 IT12 要求。

名称	图号	材料	数量
角度样板	2.16	Q235	1

图 2.16　角度样板

2. 量、刀具清单（表 2.12）

表 2.12　量、刀具清单

名称	规格/mm	精度/mm	数量	名称	规格/mm	精度/mm	数量
高度游标卡尺	0～300	0.02	1	划针			1
游标卡尺	0～150	0.02	1	钢直尺	150		1
万能角度尺	0～320°	2′	1	粗扁锉	250		1
90°刀口角尺	100×63	0 级	1	中扁锉	200，150		各 1
麻花钻	ϕ3		1	细扁锉	150		1
锯弓			1	什锦锉			一套
锯条			1	软钳口板			1 副
锤子			1	锉刀刷			1
狭錾子			1	毛刷			1
样冲			1				
备注							

3. 操作工艺（表 2.13）

表 2.13　角度样板加工工艺

工序	操作要点	示意图	测量说明
1	检查坯料尺寸，对照图 2.15 分析		用游标卡尺测量，检查是否有明显缺陷，是否符合图 2.15 所示尺寸
2	加工一组直角边，达到图 2.16 要求，作为划线基准		用 0 级或 1 级直角尺进行测量，要测量两基准面的垂直度，还要测量两个基准面的侧垂度（⊥0.012）
3	以已加工的 75mm 直角边为基准划出 35 mm 和 70 mm 尺寸线，以 72mm 直角边为基准划出 49.91mm（73－40tan30°）尺寸线，再划出 31mm 尺寸线，最后划出 73nm 尺寸线		
4	用角度尺分别划出 30°、60°、120°、120°。在加工线上打上样冲眼并打出两个 $\phi3$ 工艺孔		
5	锯割内直角		
6	先粗锉近划线处，然后精锉 A 边，达到图 2.16 要求	A	用刀口尺测量平面度，用游标卡尺测量与基准面的平行度

续表

工序	操作要点	示意图	测量说明
7	精加工另一边，使平面达到质量要求，并与 *A* 面垂直度达到图 2.16 要求	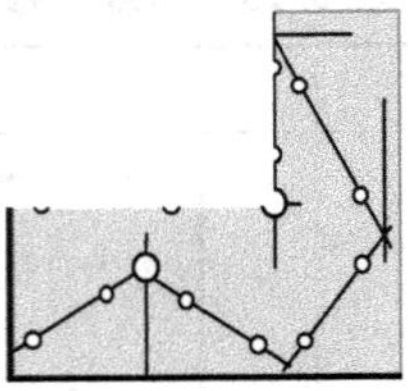	用刀口尺测量平面度和第一面的垂直度
8	锯 120°内角，并粗锉至近划线处	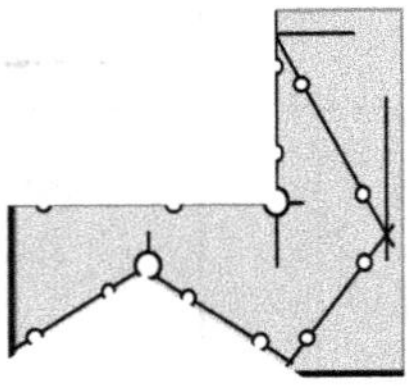	用万能角度尺测量 60°角和 150°角，用游标卡尺测量 35mm 尺寸
9	精修 60°角（只能修斜面，不能修基准面）达到图 2.16 要求	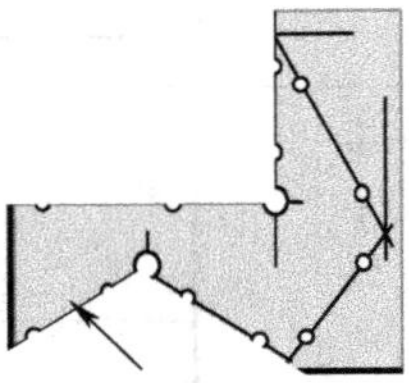	用万能角度尺测量 60°角，用游标卡尺测量 35mm 尺寸
10	精修内 120°角达到图 2.16 要求	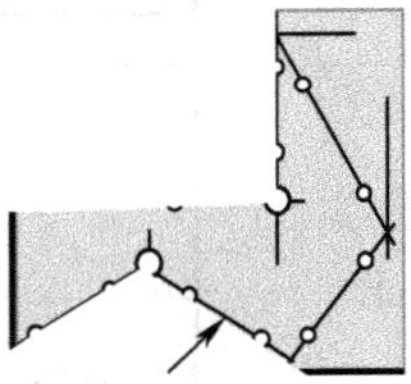	用 120°角度样板测量
11	精修 30°角，达到图 2.16 要求	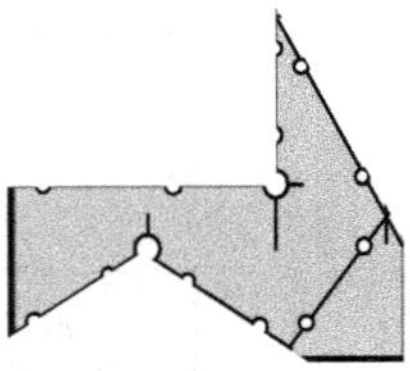	用万能角度尺测量 30°角，用游标卡尺粗测 35mm 尺寸
12	锯锉 90°角达到图 2.16 要求	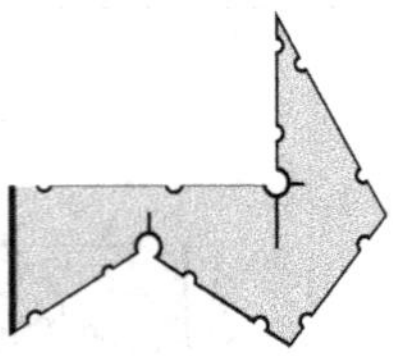	用万能角度尺测量 90°角和外 120°角，用游标卡尺粗测（40＋28－35）尺寸

续表

工序	操作要点	示意图	测量说明
13	修正基准面	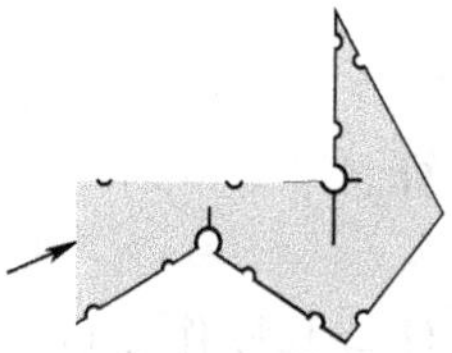	将其中一垂直面靠在 0 级 V 形铁上，用杠杆百分表测量两面的垂直关系
14	修光各锐边，打号上交	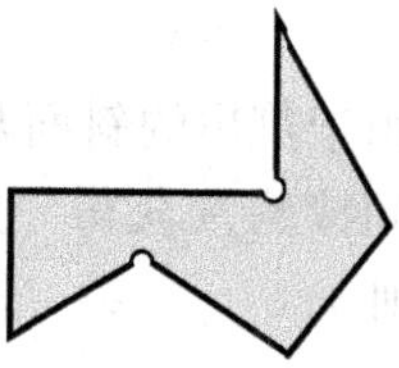	

检测评分

项目	序号	考核要求	配分	评分标准	检测结果	得分
凸件	1	73±0.06mm	12			
	2	120°±6′（凸）	10			
	3	30°±6′	10			
	4	120°±6′（凹）	10			
	5	60°±6′	10			
	6	90°±6′	10			
	7	⊥ 0.06 A	10			
	8	$R_a \leqslant 3.2\mu m$（7 处）	2×7			
	9	— 0.06（7 处）	2×7			
其他	18	安全文明	违者扣 1～10 分			
作业点评						

任务7 加工燕尾

任务目标

1. 掌握燕尾相关尺寸的计算。
2. 掌握燕尾测量方法。
3. 掌握燕尾的加工方法，体会其操作要点。

相关知识

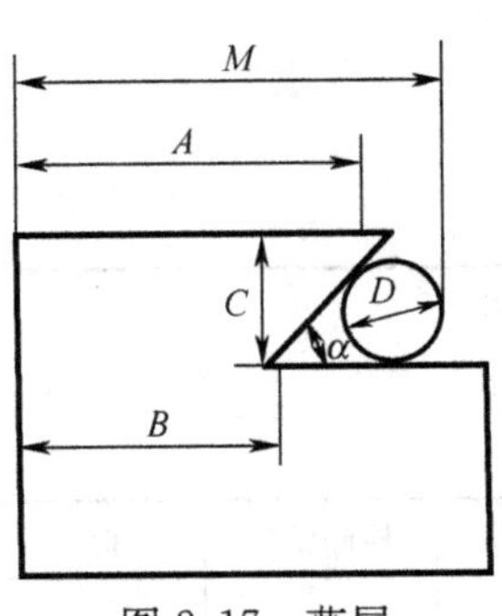

图 2.17 燕尾

由于燕尾的斜面与基准面不平行，不能直接测量，只能通过间接测量获得。如图 2.17 所示，当图纸标注尺寸为 A 时，则

$$M = A - C\cot\alpha + \frac{D}{2} + \frac{D}{2}\cot\frac{\alpha}{2}$$

当图纸标注尺寸为 B 时，则

$$M = B + \frac{D}{2} + \frac{D}{2}\cot\frac{\alpha}{2}$$

式中，M——测量读数值，mm；

D——圆柱测量棒直径，mm。

实训操作

一、实训操作（一）

1. 实训内容

加工图 2.18 所示燕尾。

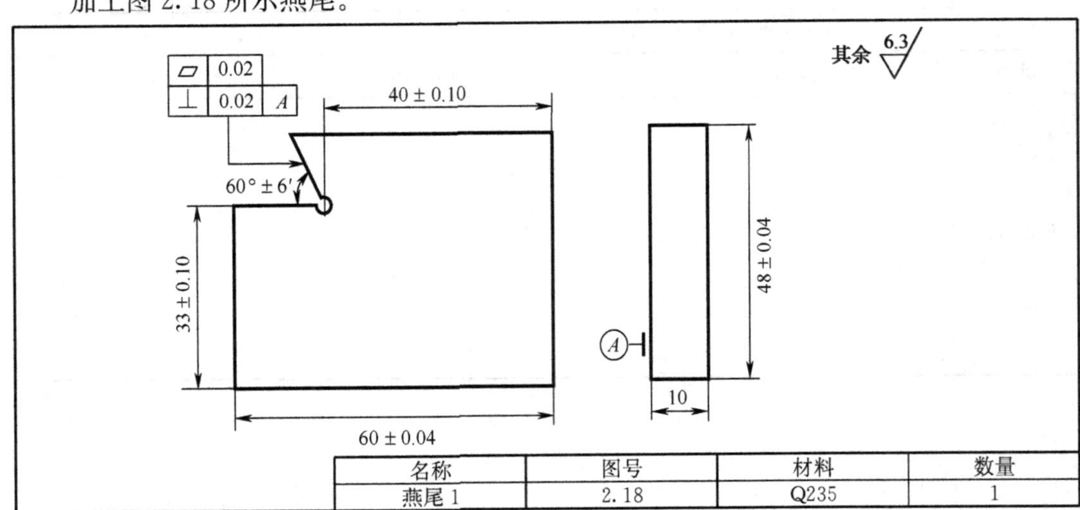

名称	图号	材料	数量
燕尾 1	2.18	Q235	1

图 2.18 燕尾

2. 工、量、刀具清单（表2.14）

表2.14　工、量、刀具清单

名称	规格/mm	精度/mm	数量	名称	规格/mm	精度/mm	数量
高度游标卡尺	0～300	0.02	1	划针			1
游标卡尺	0～150	0.02	1	钢直尺	150		1
万能角度尺	0～320°	2′	1	粗扁锉	250		1
90°刀口角尺	100×63	0级	1	中扁锉	200，150		各1
麻花钻	$\phi3$		1	细扁锉	150		1
锯弓			1	三角锉	250		1
锯条			1	什锦锉			1套
锤子			1	软钳口板			1副
狭錾子			1	锉刀刷			1
样冲			1	毛刷			1
备注							

3. 操作工艺（表2.15）

表2.15　燕尾加工工艺

工序	操作要点	示意图	测量说明
1	先将来料加工成48mm×60mm方，精度达到图纸要求		用0级或1级直角尺进行测量，要测量两基准面的垂直度，还要测量两个基准面的侧垂度（⊥0.012mm）
2	按图纸尺寸用高度游标卡尺划出33mm和40mm尺寸线		
3	用角度样板或万能角度尺划出60°角，检验划线是否准确。并在要加工的线上打上样冲眼		

续表

工序	操作要点	示意图	测量说明
4	打出 ϕ3 工艺孔	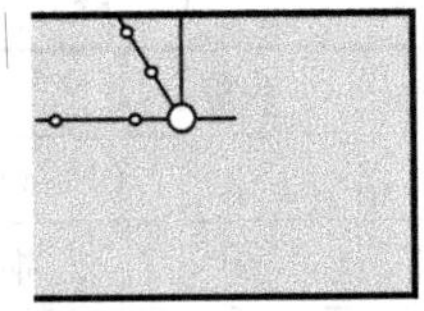	
5	锯下余料	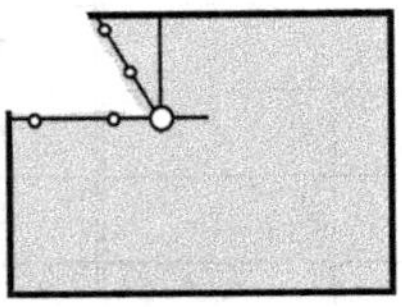	
6	粗锉至近尺寸线（留 0.5 mm 左右再加工余量）	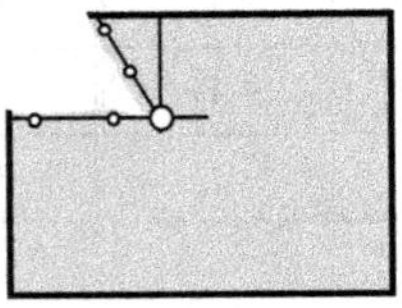	用游标卡尺和 ϕ10 芯棒测量
7	精加工 33mm 尺寸面，达到图 2.18要求	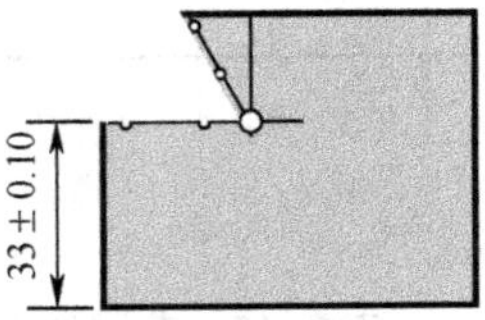 33±0.10	用游标卡尺和 ϕ10 芯棒测量，测量方法是将 ϕ10 棒置于燕尾内，通过测量 L 值，获知 B 值，$L=B+13.66$mm
8	测量斜面的角度 60°和侧垂度，并先修准 60°角，然后修正尺寸至图 2.18 要求	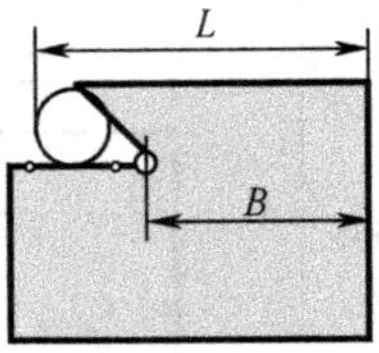 L B	
9	光边，打号上交		

二、实训操作（二）

1. 实训内容

加工图 2.19 所示燕尾，掌握燕尾精加工方法。

2. 实训工、量、刀具

实训工、量、刀具见表 2.14。

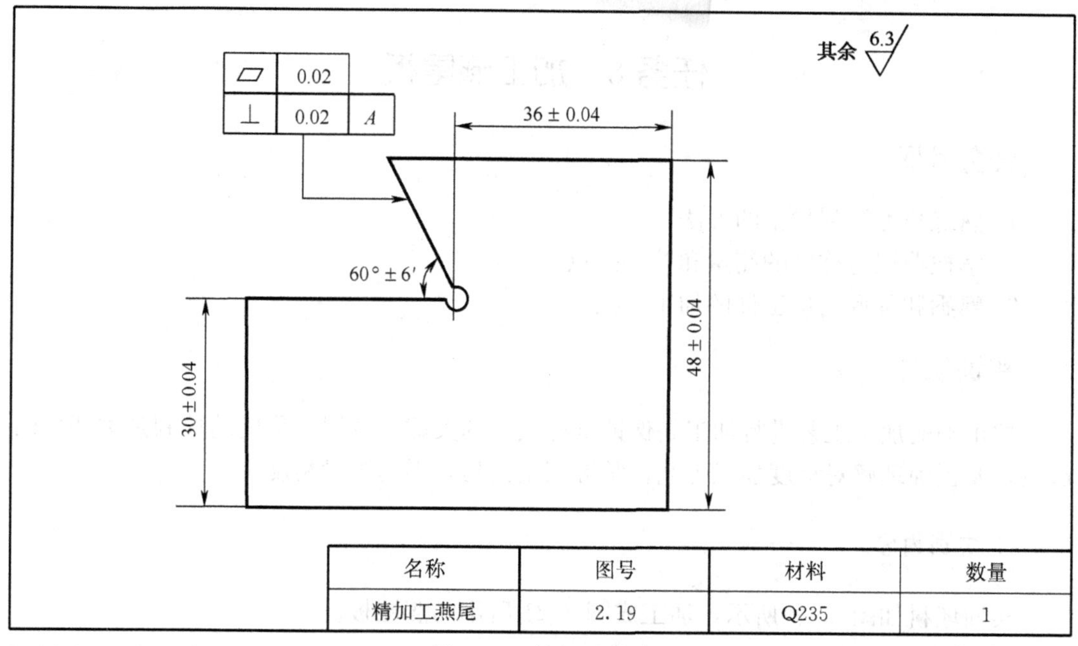

图 2.19 精加工燕尾

3. 操作步骤

1）在实训操作（一）试件的基础上，涂蓝油，按图 2.19 要求进行划线，并按表 2.15操作步骤进行加工。

2）实训操作（二）与实训操作（一）内容相同，但加工的精度要求提高了，所以在加工和测量上难度都提高了，尺寸精度的测量最好用精度为 0.01mm 的千分尺，60°角用万能角度尺或高精度样板进行测量，也可用正弦规，这样测量精度会更高。

检测评分

实训操作（一）检测评分

项目	序号	考核要求	配分	评分标准	检测结果	得分
燕尾	1	60±0.04mm	10			
	2	48±0.04mm	10			
	3	33±0.10mm	10			
	4	40±0.10mm	10			
	5	60°±6′	20			
	6	▱0.02 （2 处）	20			
	7	⊥0.02 A （2 处）	20			
其他	8	安全文明	违者扣 1~10 分			
实训心得						

任务8 加工燕尾板

任务目标

1. 熟练角度锉削加工的方法。
2. 掌握燕尾对称度的测量和控制要点。
3. 熟悉和掌握简单工件的加工工艺。

实训操作

按正确的加工工艺进行加工是保证试件质量的关键。燕尾对称度的控制是本任务的难点，要正确理解对称度加工工艺，掌握测量技巧，提高测量精度。

1. 实训内容

实训坯料如图 2.20 所示，加工成图 2.21 所示的燕尾板。

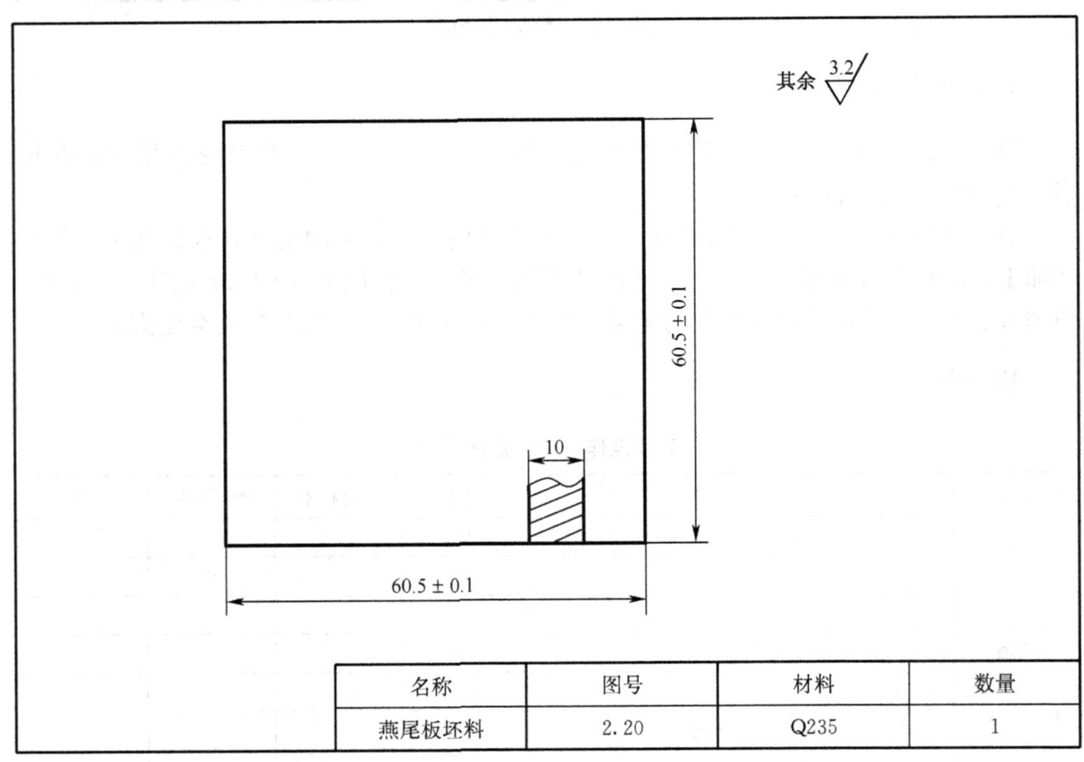

名称	图号	材料	数量
燕尾板坯料	2.20	Q235	1

图 2.20 燕尾板坯料

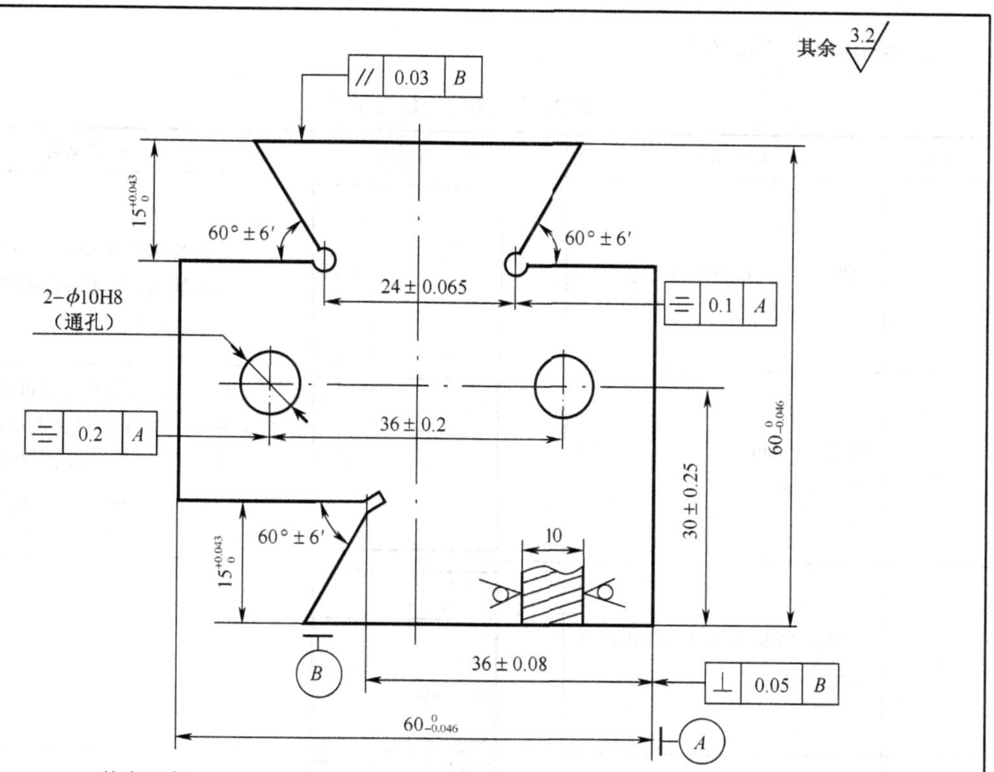

技术要求：

下方 60°±6′内角锯成 1.5mm×1.5mm 的清角槽，槽表面粗糙度不考核。

名称	图号	材料	数量
燕尾板	2.21	Q235	1

图 2.21　燕尾板

2. 量、刀具清单（表 2.16）

表 2.16　量、刀具清单

名称	规格/mm	精度/mm	数量	名称	规格/mm	精度/mm	数量
高度游标卡尺	0～300	0.02	1	划针			1
游标卡尺	0～150	0.02	1	钢直尺	150		1
万能角度尺	0～320°	2′	1	粗扁锉	250		1
90°刀口角尺	100×63	0 级	1	中扁锉	200，150		各 1
麻花钻	$\phi 2$		1	细扁锉	150		1
锯弓			1	什锦锉			一套
锯条			1	软钳口板			1 副
锤子			1	锉刀刷			1
狭錾子			1	毛刷			1
样冲			1				
备注							

3. 操作工艺（表 2.17）

表 2.17　燕尾板加工工艺

工序	操作要点	示意图	测量说明
1	对照图 2.20 检查坯料尺寸		用游标卡尺测量，检查是否有明显缺陷，是否符合图纸尺寸
2	加工 60mm × 60mm，达到图 2.20要求		用 0 级或 1 级直角尺进行测量，要测量两基准面的垂直度，还要测量两个基准面的侧垂度（⊥0.012mm），用游标卡尺和千分卡测量 60mm 尺寸
3	用高度游标卡尺划出相关尺寸线		
4	用角度样板或万能角度尺划出角度线，并在相关加工线上打出样冲眼		
5	打两个 $\phi3$ 工艺孔		
6	先锯下面单燕尾，粗锉至划线处，并精加工水平面，达到图 2.21要求	L_1	用游标卡尺测量 L_1，$L_1=60$（实际尺寸）-15，同时测量与大平面的侧垂度。精测可用规格为 25～50 的千分尺测量
7	用三角锉（或砂轮修正过的扁锉）加工另一个面，达到图 2.21要求	L_2	用游标卡尺测量 L_2，$L_2=30\pm0.08+13.66$ 同时测量与大平面的侧垂度。左图中圆棒为 ϕ10H7 测量芯棒

续表

工序	操作要点	示意图	测量说明
8	按上述方法加工图 2.21 中左上角燕尾，达到图 2.21 要求		$L_3=L_1-15^{+0.043}_{0}$，同时测量与大平面的侧垂度
9	加工图 2.21 中右上角燕尾，达到图 2.21 要求		图中 $L_6=60$（实际尺寸）$-15^{+0.043}_{0}$ $L_5=(24\pm0.065)+2\times13.66$ $=51.32\pm0.065$
10	划 ϕ10H8 孔中心位置线，并打上样冲眼，再用圆规划出 ϕ10 圆		
11	用 ϕ6 打底孔，用 ϕ9.8 扩孔，用 ϕ12 倒角钻倒角，用铰刀铰孔		划线时要检查高度游标尺零误差，在划线调高时减去这个值，划线要轻而准，不能重复划；打 ϕ6 底孔时要随时测量纠正，铰孔前的倒角不宜过大，一般 0.3mm
12	锯割工艺槽		沿割槽方向以 60°角分中锯下，深度为 2mm
13	光边，全面检查图纸上各尺寸，打号上交		

检测评分

序号	考核要求	配分	评分标准	检测结果	得分
1	$60_{-0.046}^{0}$mm（2处）	8			
2	$15_{0}^{+0.043}$mm（3处）	6×3			
3	24±0.065mm	10			
4	36±0.08mm	8			
5	60°±6′（3处）	4×3			
6	∥ 0.03 A	4			
7	⊥ 0.05 B	3			
8	⌯ 0.1 A	8			
9	R_a≤3.2μm（10处）	1×10			
10	2−ϕ10H8	2×2			
11	36±0.2mm	6			
12	⌯ 0.2 A （孔）	6			
13	R_a1.6μm（2处）	1.5×2			
14	安全文明	违者扣1～10分			
作业点评					

姓名		日期		总分	

任务 9　圆弧锉削训练

任务目标

1. 掌握圆弧的锉削方法和测量方法。
2. 掌握圆弧面与平面连接和圆弧面与圆弧面连接的加工要点。
3. 掌握以孔为中心控制圆弧的加工工艺。

相关知识

圆弧加工中常见问题如下所述。

1. 凸圆弧面不圆，成多边形

这是圆弧加工中最常见的问题。加工面圆度不准可能有多种原因，锉削中，要注意以下几个要点。

1）划线要准确。找准圆心，一次划成圆弧线，正反二面都要划出以便于粗加工。

2）先按划线粗锉，然后用中号锉细锉，锉时应垂直侧大平面，并仔细观测、测量圆弧面，不要留过大余量。

3）用摆动法拉圆时宜用中号细锉，用力不宜过大，并不断调整工件夹的方向，使圆弧各段锉削均匀。

4）精修时要勤测量，并正确判断需要修正的位置。

2. 凹圆弧面呈多个小圆弧面

如图 2.22 所示，加工出来的面由多个小圆弧面组成。这是由选用的圆锉大小不当，圆锉曲率半径过小引起的。锉凹圆弧面时，圆锉曲率半径应略小于要加工的圆弧半径。如果选用的锉刀曲率半径过小，很容易锉成图 2.22 所示形状。同时，在锉削时要适度横向滚动才能锉好凹圆弧面。

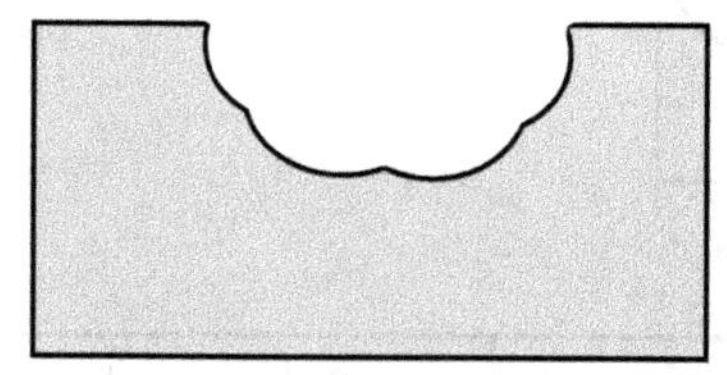

图 2.22　凹圆弧面呈各个小圆弧面

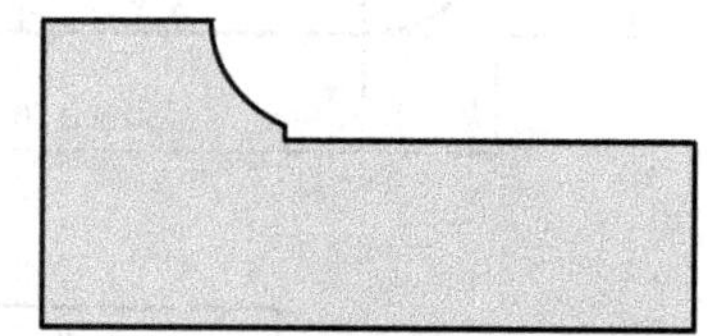

图 2.23　圆弧面破坏

3. 圆弧面与平面连接出现高低错位

两个面由于加工先后次序关系，常出现在加工第二个面时，第一个加工面遭破坏的情况。

1）在加工平面时，圆弧面遭到破坏（见图 2.23）。一般在加工平面时，即使再小心，锉刀也会偶尔刮到已加工的圆弧面，解决的方法是：已加工的圆弧面夹到台虎钳的里面去（图 2.24），刚好露出要加工的部分，避免破坏已加工面遭。

2）如图 2.25 所示，圆弧面低于平面，呈凹陷状。这主要是由于圆弧面锉削过多而低下去而造成的。解决方法是：在圆弧面锉到接近平面时，用力要轻，锉削量要小，当看上去差不多时，用半圆锉或圆锉推锉，使平面和圆弧面高低一致、过渡光滑、纹理统一。

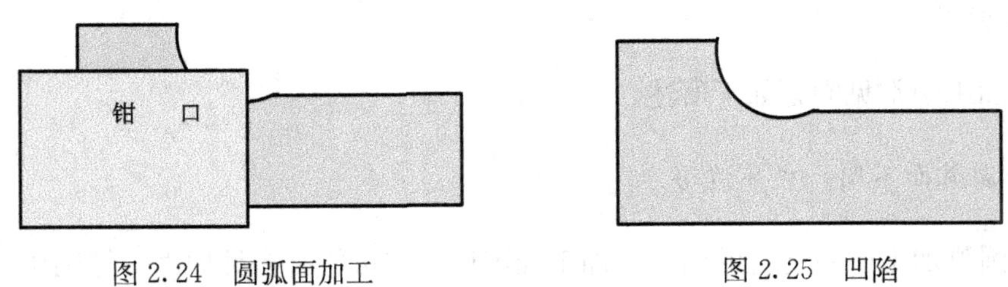

图 2.24　圆弧面加工　　　　图 2.25　凹陷

实训操作

一、实训操作（一）

1. 实训内容

加工图 2.26 所示的圆弧面。

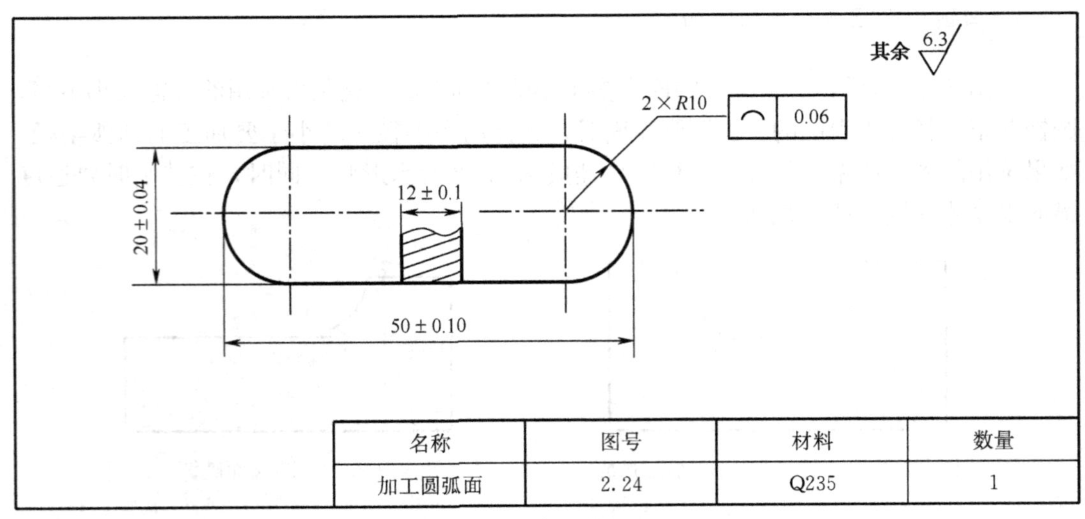

名称	图号	材料	数量
加工圆弧面	2.24	Q235	1

图 2.26　加工圆弧面

2. 工、量、刀具清单（表 2.18）

表 2.18　工、量、刀具清单

名称	规格/mm	精度/mm	数量	名称	规格/mm	精度/mm	数量
高度游标卡尺	0～300	0.02	1	粗扁锉	250		1
游标卡尺	0～150	0.02	1	中扁锉	200，150		各 1
90°刀口角尺	100×63	0 级	1	细扁锉	150		1
圆规			1	三角锉	200		1
半径样板	7.5～14.5		1	什锦锉			1 套
钻头	ϕ6、9.8		若干	样冲			1
铰刀	ϕ10H7		1	软钳口板			1 副
锯			1	锉刀刷			1
半圆锉	250、200		各 1	毛刷			1
备注	蓝油						

3. 加工步骤（表 2.19）

表 2.19　圆弧面加工步骤

工序	操作要点	示意图
1	检查来料，先加工两平行边至 20±0.04，再锉平两端面	
2	先划出 20 中分线，再竖着将工件紧贴 V 形铁 V 形槽中，以 11 尺寸划出第一个半圆中心位，再加 30mm，划出第二个半圆中心位	
3	在交点打上样冲眼，再以 10mm 为半径，用圆规划出 ϕ20 半圆	
4	按半圆线粗锉至近划线处	
5	先粗锉至划线处，再用细锉和什锦锉顺着圆弧面锉削，并用半径样板测量加工面，直到达到图 2.26 圆弧面要求	
6	用上述方法加工另一个圆弧面，同时测量圆弧面及长度 50 尺寸	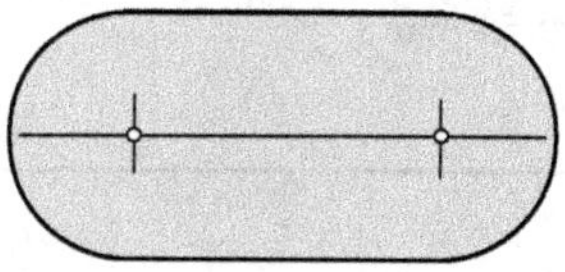

二、实训操作（二）

1. 实训内容

加工图 2.27 所示带中心孔的半圆凸台。

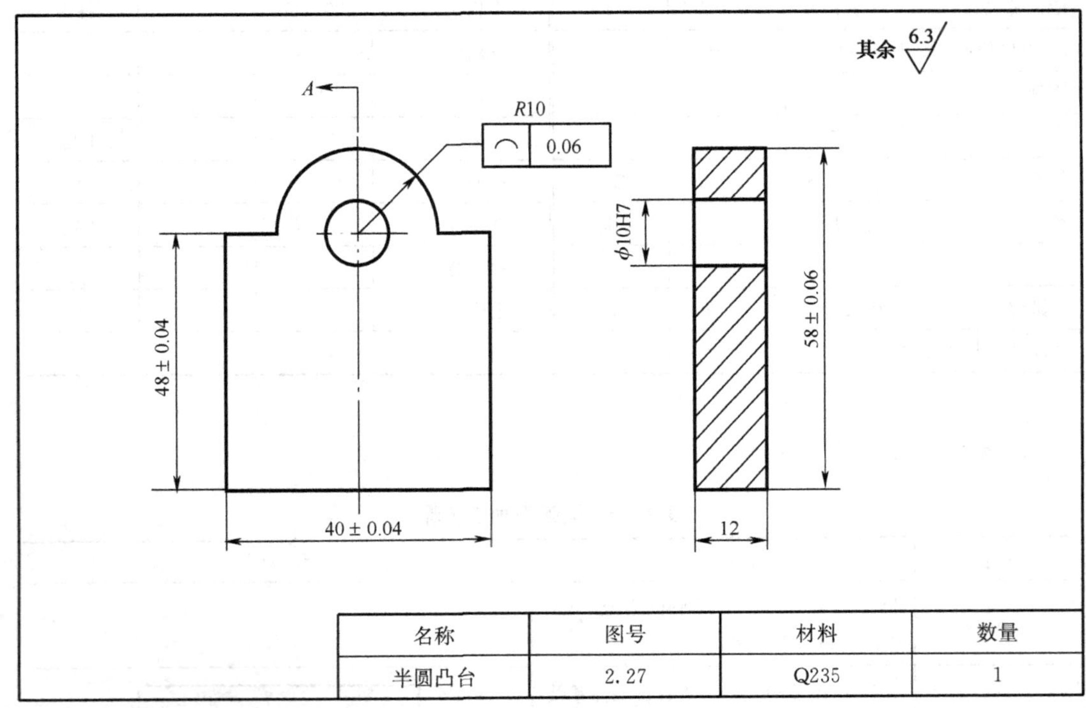

图 2.27　半圆凸台

2. 实训工、量、刀具

实训工、量、刀具见表 2.18。

3. 操作工艺（表 2.20）

表 2.20　半圆凸台加工工艺

工序	操作要点	示意图	测量说明
1	检查坯料尺寸，并将来料先粗加工至(58＋0.5) mm×(40＋0.5) mm		用游标卡尺测量长度，并用直角尺测量垂直度

续表

工序	操作要点	示意图	测量说明
2	划出工艺孔位置（48＋0.2）mm×（20＋0.2）mm，并划出 ϕ10 圆和 ϕ20 圆	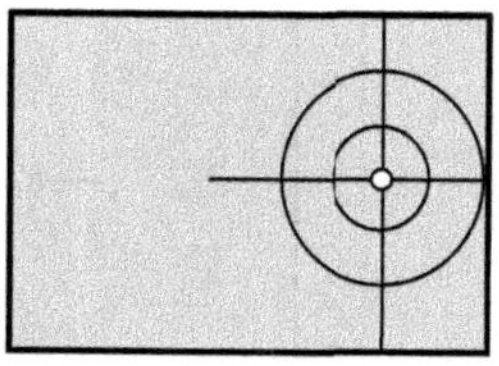	孔加工精度低，为了保证成品工件的尺寸精度，在打孔时先每边留出 0.2 mm 以上余量
3	加工 ϕ10H7 孔，先打 ϕ6 底孔，再用 ϕ9.8 钻扩孔，并将两端面倒角后，用 ϕ10H7 铰刀铰出孔	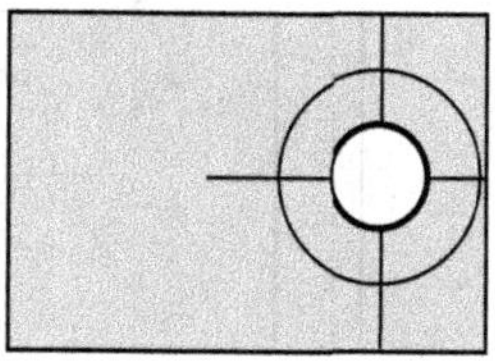	用塞规检测
4	以 ϕ10H7 为基准，锉削三个直角面，使孔中心到三个直角面的距离分别为：20±0.04，48±0.06，20±0.04	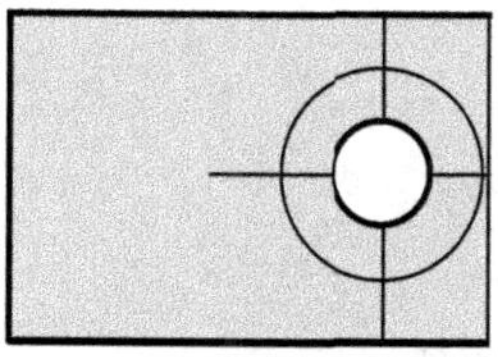	可以通过测量三个直角面到孔壁的距离来获得，并同时要测量各角垂直度和 40±0.04 尺寸
5	锯割半圆凸台	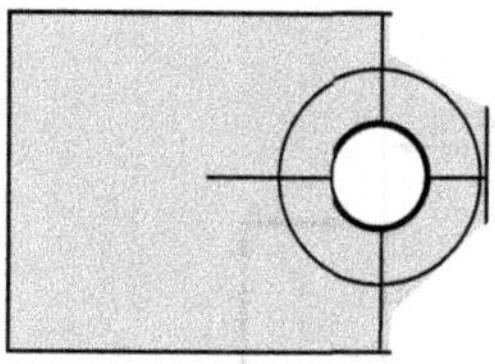	弯曲部分也可以用打排孔去除
6	按划线粗锉到近划线处	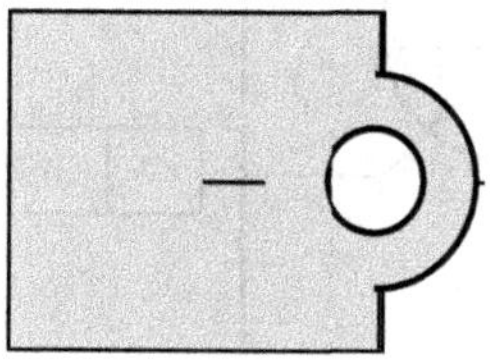	
7	精加工半圆凸台	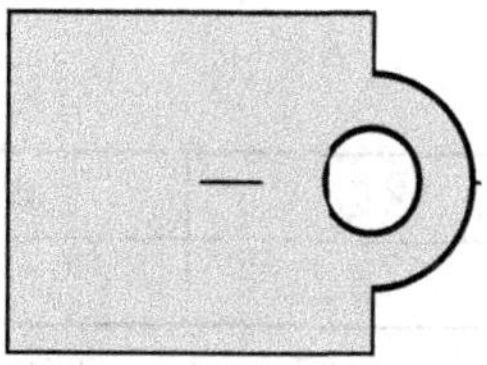	用角尺测量半圆凸台面的侧垂度，用游标卡尺测量半圆凸台面至 ϕ10 工艺孔的距离和图中 58±0.06 尺寸，并用半圆样板测量曲面精度

续表

工序	操作要点	示意图	测量说明
8	精加工两边台肩		加工台肩时不能损伤已经加工好的半圆台面，可以借助于台虎钳口的夹持来保护。用角尺测量侧垂度，用游标卡尺测量两肩尺寸
9	光边，打号上交		

三、实训操作（三）

1. 实训内容

加工图 2.28 所示的半圆底槽。

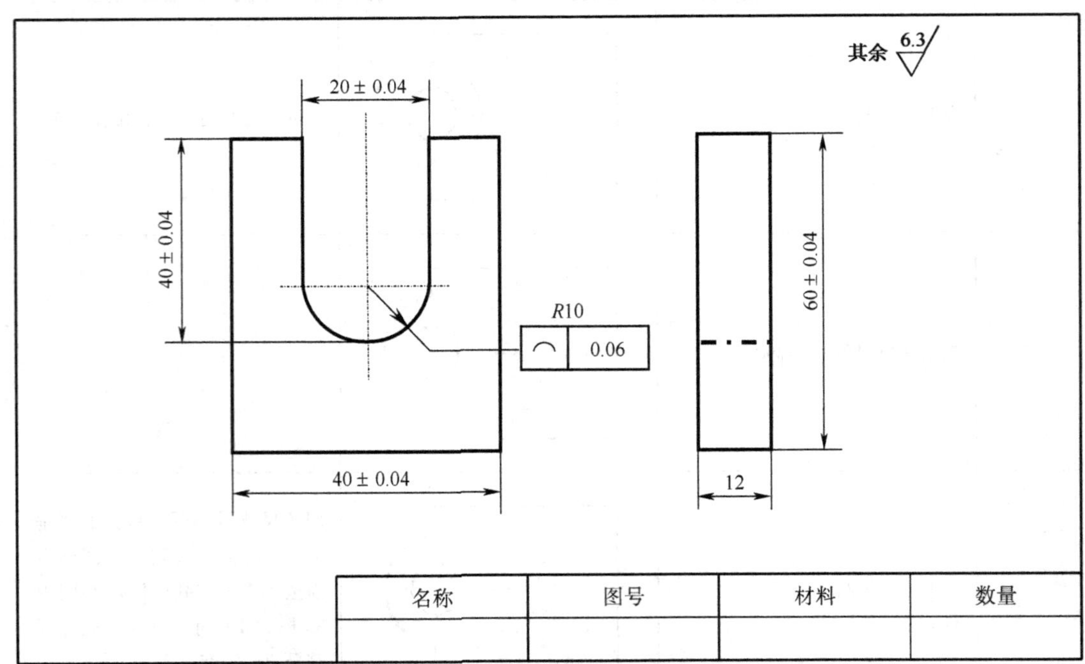

图 2.28　半圆底槽

2. 实训工、量、刀具

实训工、量、刀具见表 2.18。

3. 操作工艺（表 2.21）

表 2.21　半圆底槽加工工艺

工序	操作要点	示意图	测量说明
1	检查坯料尺寸，并将材料加工成（40 ± 0.04）mm ×（60 ± 0.04）mm		用游标卡尺测量尺寸，用角尺测量垂直
2	划出 $R10$ 中心及 20 尺寸线		
3	在 $R10$ 中心处打上样冲眼，并画出 $R10$ 半圆		
4	通过锯割，打排孔取下余料		
5	修正三个基准面（上一步操作会使工件外形尺寸发生变化）		用游标卡尺和直角尺测量
6	用平板锉和 200mm 半圆锉粗锉各面至近划线处		用游标卡尺测量两平面与半圆底到各基准面的尺寸，留 0.2mm 精加工余量

续表

工序	操作要点	示意图	测量说明
7	精修两平面	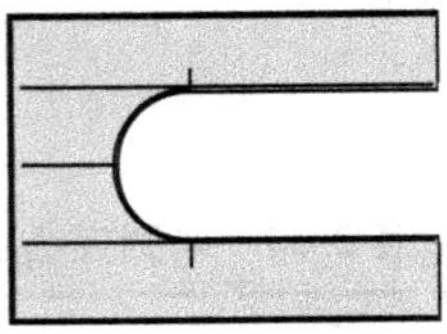	用游标卡尺测量至两边的距离(槽宽=外径尺寸－两边尺寸)。也可用内径千分卡测量
8	精修半圆底，与两平面光滑过度，尺寸达到*R*10 ⌒0.06	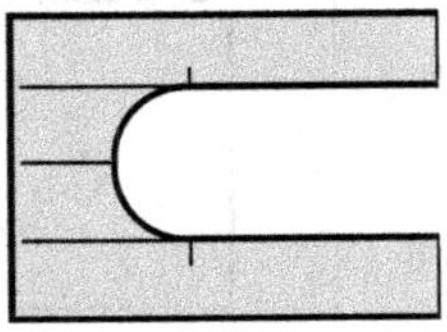	曲面加工可以用推锉法。测量用半径样板测曲面形状，用游标卡尺测量位置
9	全面检测，光边，打号上交	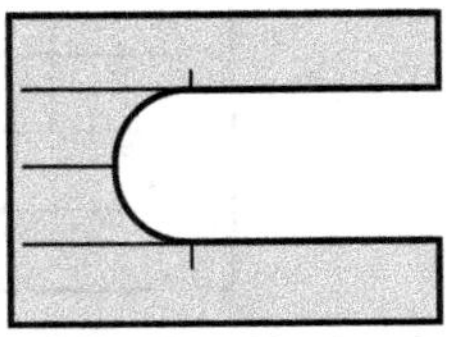	

检测评分

项目	工序	考核要求	配分	评分标准	检测结果	得分
加工圆弧面	1	20±0.04mm	20			
	2	50±0.10mm	20			
	3	*R*10 ⌒0.06 (2处)	40			
	4	平面与曲面交界处质量	10			
	5	外观质量	10			
	总分					
加工半圆凸台	1	40±0.04mm	10			
	2	58±0.06mm	10			
	3	48±0.04mm	20			
	4	ϕ10H7	10			
	5	*R*10 ⌒0.06	20			
	6	平面与曲面交界处质量	20			
	7	外观质量	10			
	8	安全文明生产	违者扣1～10分			
	总分					

续表

<table>
<tr><th>项目</th><th>工序</th><th>考核要求</th><th>配分</th><th>评分标准</th><th>检测结果</th><th>得分</th></tr>
<tr><td rowspan="8">加工半圆底槽</td><td>1</td><td>40±0.04mm（2 处）</td><td>20</td><td></td><td></td><td></td></tr>
<tr><td>2</td><td>60±0.06mm</td><td>10</td><td></td><td></td><td></td></tr>
<tr><td>3</td><td>20±0.04mm</td><td>10</td><td></td><td></td><td></td></tr>
<tr><td>4</td><td>左右对称度</td><td>10</td><td></td><td></td><td></td></tr>
<tr><td>5</td><td>$R10$ ⌒ 0.06</td><td>20</td><td></td><td></td><td></td></tr>
<tr><td>6</td><td>平面与曲面交界处质量</td><td>20</td><td></td><td></td><td></td></tr>
<tr><td>7</td><td>外观质量</td><td>10</td><td></td><td></td><td></td></tr>
<tr><td>8</td><td>安全文明生产</td><td colspan="2">违者视情节轻重扣 1～10 分</td><td></td><td></td></tr>
<tr><td>作业点评</td><td colspan="6"></td></tr>
</table>

姓名		日期		总分	

任务10 制作U形块

任务目标

1. 初步熟悉钳工综合图的识读。
2. 提高综合锉削技能。

实训操作

1. 实训内容

实训坯料如图2.29所示，加工成图2.30所示的U形块。

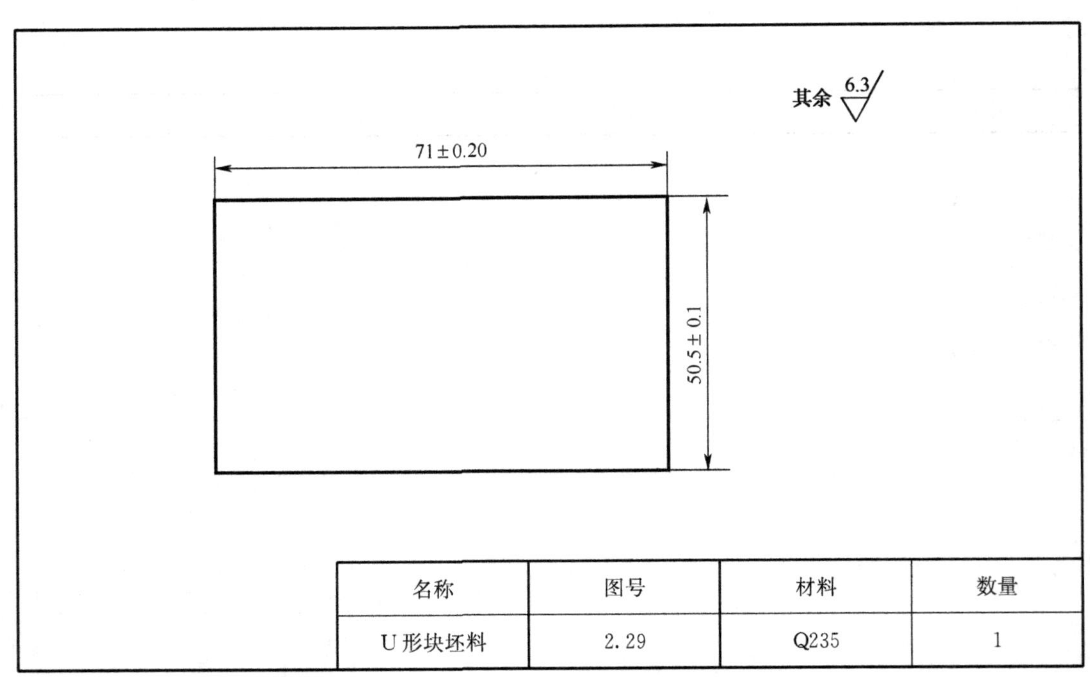

名称	图号	材料	数量
U形块坯料	2.29	Q235	1

图2.29 U形块坯料

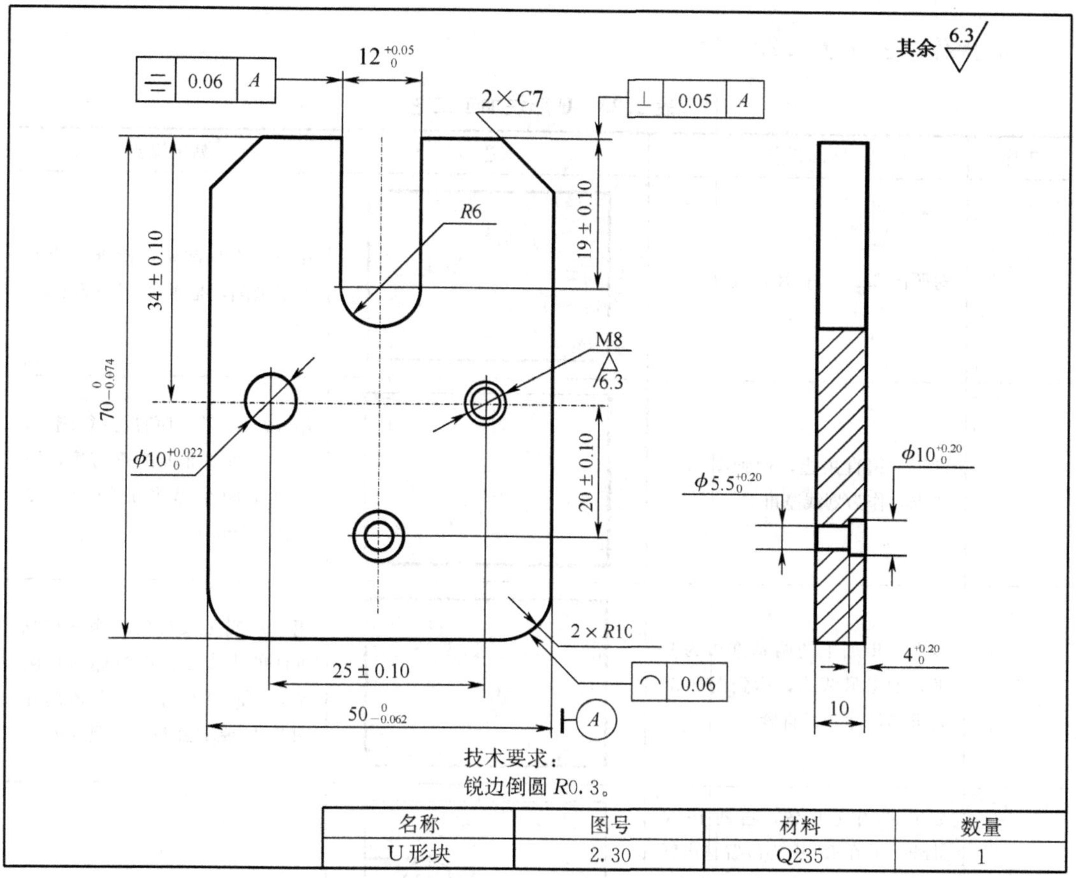

名称	图号	材料	数量
U 形块	2.30	Q235	1

图 2.30　U 形块

2. 工、量、刃具清单（表 2.22）

表 2.22　工、量、刃具清单

名称	规格/mm	精度/mm	数量	名称	规格/mm	精度/mm	数量
高度游标卡尺	0～300	0.02	1	锤子			1
游标卡尺	0～150	0.02	1	狭錾子			1
麻花钻	ϕ5.5、ϕ6.7、ϕ9.8、ϕ10、ϕ13		各 1	样冲			1
				划针			1
				钢直尺	150		1
游标万能角度尺	0°～320°	2′	1	粗扁锉	250		1
90°刀口角尺	100×63	0 级	1	中扁锉	200、150		各 1
半径样板	0～7.5		1	细扁锉	150		1
塞规	ϕ10	H7	1	粗圆锉	250		1
丝锥	M8	H7	1 副	细圆锉	200		1
罗纹规	M8	H7	1	什锦锉			1 套
直柄铰刀	ϕ10	H7	1	软钳口板			1 副
铰杠			1	锉刀刷			1
锯弓			1	毛刷			1
锯条			1				
备注							

3. 操作工艺（表 2.23）

表 2.23　U 形块加工工艺

工序	操作要点	示意图	测量说明
1	对照图 2.29 检查坯料尺寸		用游标卡尺测量，检查是否有明显缺陷，是否符合图纸尺寸
2	加工一组直角边，达到图 2.30 要求，作为划线基准		用 0 级或 1 级直角尺进行测量，要测量两基准面的垂直度，还要测量两个基准面的侧垂度（⊥0.01mm）
3	以上一步加工的两基准边为基准，加工另两边，达到图 2.30 要求的尺寸和垂直度		用 0 级或 1 级直角尺测量与基准面的垂直度，用游标卡尺测量 50 和 70 尺寸，误差控制在图 2.30 要求公差，并倒锐边
4	划出 *R*6 中心位置，再划 19 尺寸线，并在 *R*6 中心位置打出样冲眼，划 *R*6 圆。先打 $\phi 6$ 底孔，然后用 $\phi 12$ 打孔，锯两边，取下余料		
5	加工 U 形槽，到图 2.30 要求尺寸。注意：加工时要保护好已加工面，可以将 *R*6 半圆面夹到台虎钳口里面，这样锉削时只能锉到半圆外平面，不会锉到 *R*6 半圆面	19	用游标卡尺测量（50－12)/2 尺寸，把握公差的办法是：(50 的实际尺寸－$12^{+0.05}_{0}$)/2，同时适当留精修余量。锉另一面时，除了测 19 尺寸外，还必须测图 2.30所标的 12 尺寸，可用游标卡尺，也可用内径千分卡
6	划 2×*C*7 加工线，锯锉使角度为 45°，尺寸为 7mm	7	用万能角度尺或 45°样板测量，用游标卡尺测量（70－7）mm 和（19－7）mm，以保证 *C*7 尺寸

续表

工序	操作要点	示意图	测量说明
7	划出 2 个 $\phi10$ 中心位置，并用圆规画出 $R10$ 圆弧	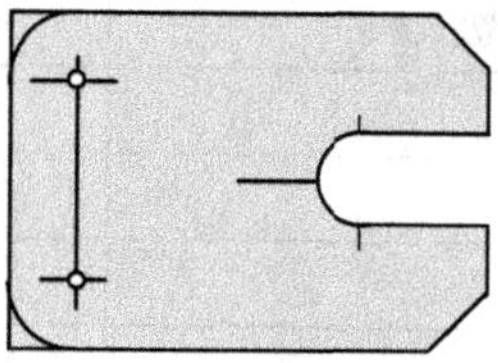	
8	加工 2 个 $\phi10$ 至图 2.30 要求	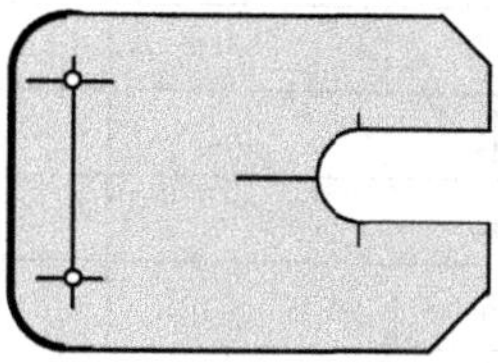	用半径样板测量加工面，达到 0.06mm（可以目测，也可以用 0.06mm 钢丝检测）精度要求
9	划出各孔加工线，并打出样冲眼	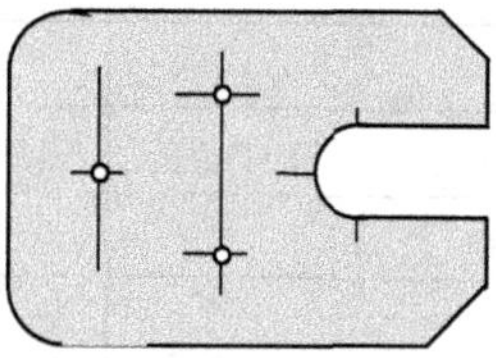	
10	用 $\phi5.5$ 钻头打通孔，并保持工件位置不移动，再用平底锪孔钻，打出 4mm 沉孔	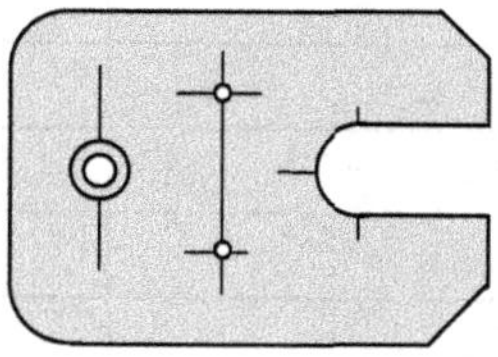	用游标卡尺测量孔的尺寸精度及位置公差
11	$\phi10$H7 孔加工：钻 $\phi6$ 底孔，扩至 $\phi9.8$，两面倒角，用 $\phi0$H7 铰刀铰出	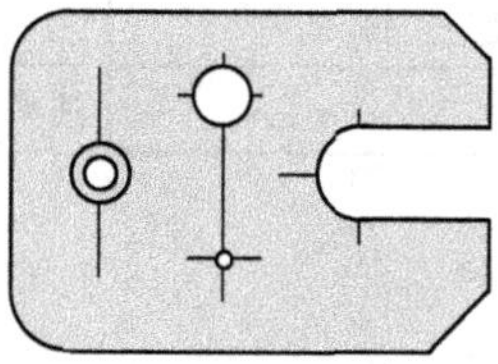	用 $\phi10$H7 塞规检测该孔精度，用游标卡尺测量孔的位置公差
12	M8 加工方法：打 $\phi6.7$ 孔，倒角至稍大于 $\phi8$，再用丝锥攻丝	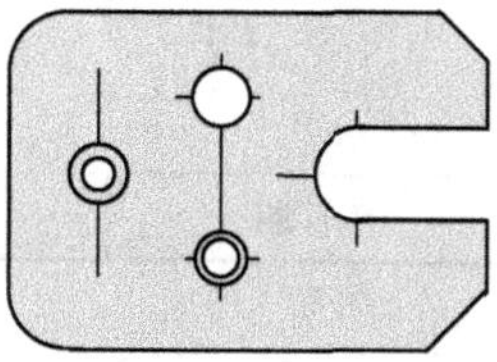	用 M8H7 螺纹规检验其精度
13	去锐边，按图 2.30 尺寸和要求，全面检查工件质量，并适当修正，然后打号上交	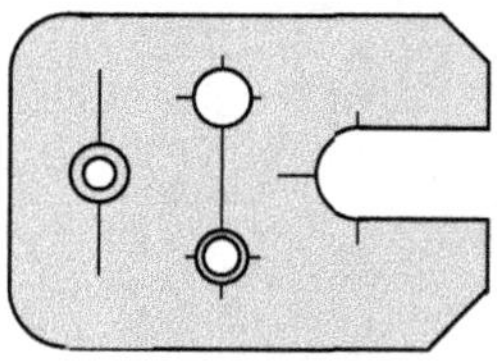	

检测评分

项目	工序	考核要求	配分	评分标准	检测结果	得分
主要项目	1	$70_{-0.074}^{0}$mm	8			
	2	⊥ 0.05 A	4			
	3	$50_{-0.052}^{0}$mm	8			
	4	34±0.10mm	4			
	5	$12_{0}^{+0.05}$mm	8			
	6	≡ 0.06 A	4			
	7	19±0.10mm	5			
	8	20±0.10mm	5			
	9	25±0.10mm	5			
	10	$4_{0}^{+0.20}$mm	2			
	11	$\phi 10_{0}^{+0.022}$mm	6			
	12	⌒ 0.06	8			
	13	$R_a \leqslant 3.2\mu m$	6			
一般项目	14	$\phi 10_{0}^{+0.20}$	4			
	15	$R_a \leqslant 3.2\mu m$	2			
	16	$\phi 5.5_{0}^{+0.20}$	4			
	17	$R_a \leqslant 6.3\mu m$	3			
	18	M8	6			
	19	7×45°（2 处）	8			
其他	20	安全文明	违者视情节轻重扣 1～10 分			
作业点评						

姓名		日期		总分	

任务 11　加工直角斜边配合副

任务目标

1. 进一步提高锉削和测量技能。
2. 初步了解锉配方法。

实训操作

1. 实训内容

实训坯料如图 2.31 所示，加工成图 2.32 所示试件。

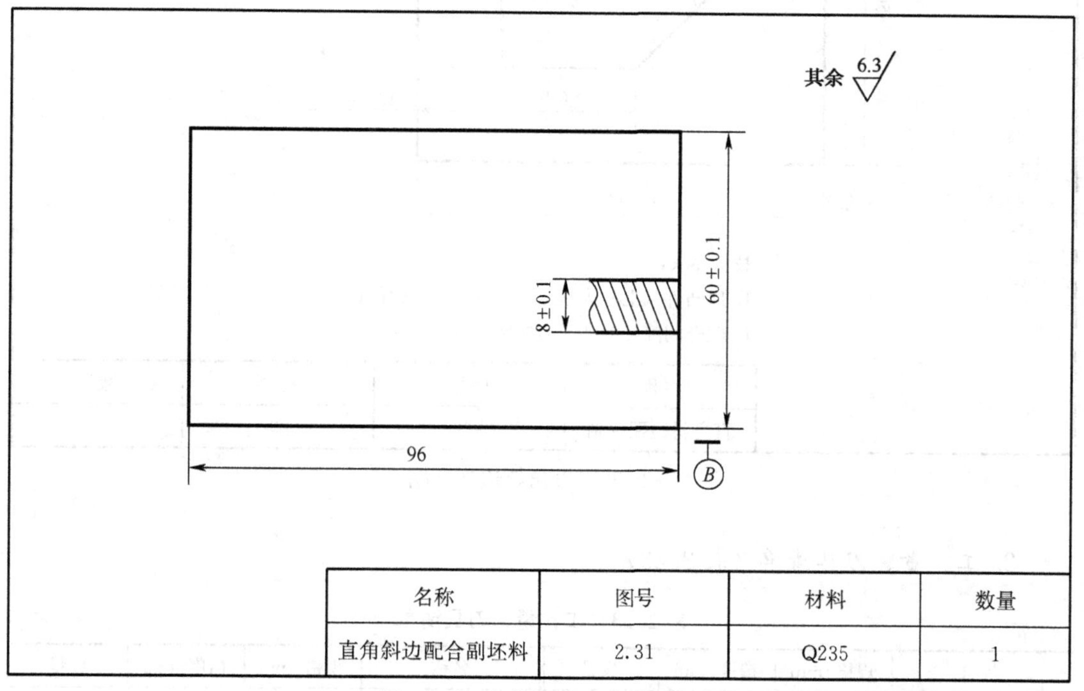

名称	图号	材料	数量
直角斜边配合副坯料	2.31	Q235	1

图 2.31　直角斜边配合副坯料

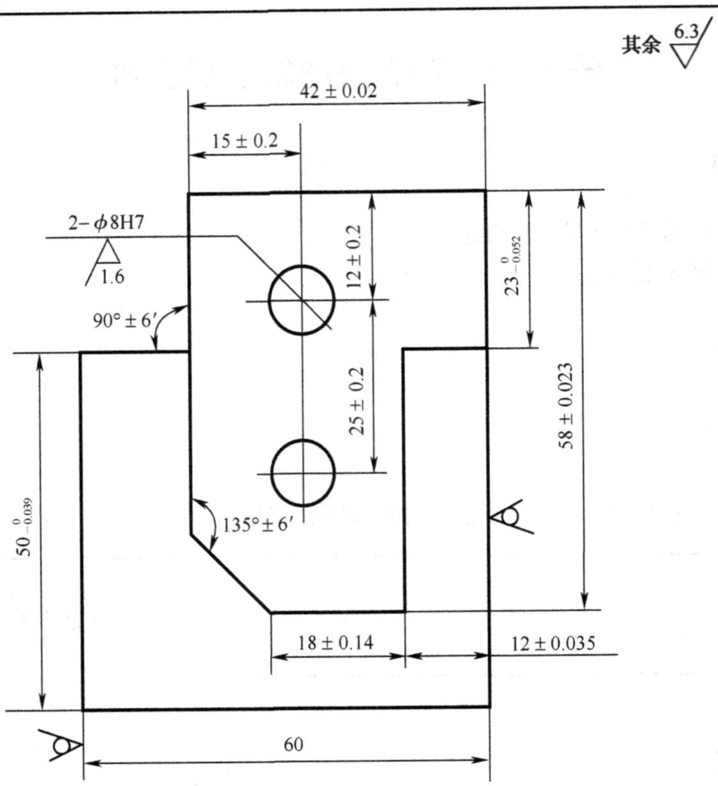

其余 6.3

42 ± 0.02
15 ± 0.2
2- ϕ8H7
1.6
90° ± 6′
12 ± 0.2
25 ± 0.2
$23^{\ 0}_{-0.052}$
58 ± 0.023
$50^{\ 0}_{-0.039}$
135° ± 6′
18 ± 0.14
12 ± 0.035
60

技术要求：

1. 以凸件（上）为基准，凹件（下）为配件；
1. 配合间隙≤0.05，右侧错位量≤0.08。

名称	图号	材料	数量
直角斜边配合副	2.32	Q235	1

图 2.32　直角斜边配合副

2. 工、量、刀具清单（表 2.23）

表 2.23　工、量、刀具清单

名称	规格/mm	精度/mm	数量	名称	规格/mm	精度/mm	数量
高度游标卡尺	0～300	0.02	1	锯条			1
游标卡尺	0～150	0.02	1	锤子			1
外径千分尺	0～25	0.01	1	狭錾子			1
	25～50	0.01	1	样冲			1
	50～75	0.01	1	划针			1
游标万能角度尺	0°～320°	2′	1	钢直尺	150		1
90°刀口角尺	100×63	0 级	1	粗扁锉	250		1
塞尺	0.02～1		1	中扁锉	200、150		各 1
塞规	ϕ8	H7	1	细扁锉	150		1

续表

名称	规格/mm	精度/mm	数量	名称	规格/mm	精度/mm	数量
麻花钻	ϕ4、ϕ7.8、ϕ12		各 1	粗三角锉	250		1
				细三角锉	150		1
直柄铰刀	ϕ8	H7	1	软钳口板			1 副
铰杠			1	锉刀刷			1
锯弓			1	毛刷			1
备注							

3. 操作工艺（表 2.24）

表 2.24　加工直角斜边配合副操作工艺

工序		操作要点	示意图	测量说明
一		对照图 2.31 检查坯料尺寸		用游标卡尺测量，检查是否有明显缺陷，是否符合图 2.31 尺寸
二		加工一组直角边，达到图 2.31 要求，作为划线基准		用 0 级或 1 级直角尺进行测量，要测量两基准面的垂直度，还要测量两个基准面的侧垂度（⊥0.012mm）
三	1	划线，锯割取料（42＋0.5）mm×（58＋0.5）mm		用高度游标卡尺和 V 形铁在平板上进行划线，划好线后进行检查
	2	锉削外形（42±0.02）mm×（58±0.023）mm，保证尺寸公差		用游标卡尺测量，最后用外径千分精测
	3	加工台阶 12±0.035mm，保证尺寸 12±0.035 mm、$23_{-0.052}^{0}$ mm 达到图 2.31 要求	$23_{-0.052}^{0}$ 12±0.035 L	用游标卡尺测量或外径千分尺测量 12±0.035 mm 尺寸。方法是通过测量 L 值，再以 42（实际尺寸）－L 来计算出该尺寸

续表

工序		操作要点	示意图	测量说明
三	4	加工 135°角，达到图 2.31 要求	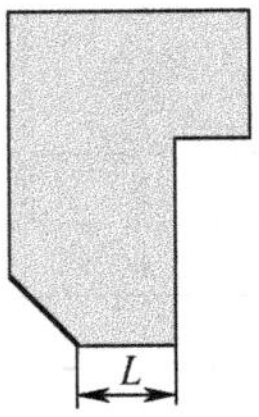	用万能角度尺或 135°角度样板进行测量，并用游标卡尺测量 18±0.14 mm 尺寸
	5	划线，钻、铰 ϕ8H7 孔	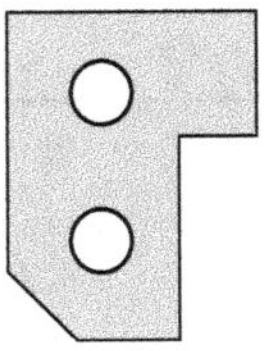	用 ϕ8H7 塞规检查孔的尺寸精度，用游标卡尺测量各孔位置精度
	6	去毛刺，检查精度是否达到图 2.31要求		去毛刺要求：各锐边手摸上去光滑无刺感
四	1	锯锉 $60\times50_{-0.039}^{\ 0}$ mm 方，达到图 2.31 要求		用角尺和游标卡尺、外径千分卡测量
	2	划线，排孔，锯割，取下内凹块，并初加工，使各面都留 0.20mm 左右的余量	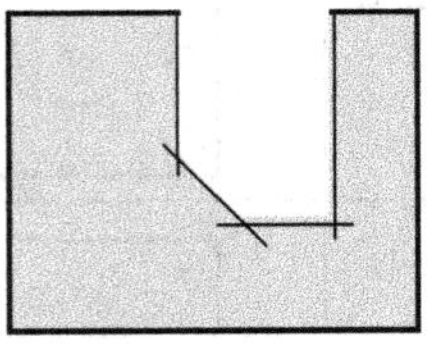	可用 ϕ4mm 钻头打排孔子
	3	加工右侧凹面，使右边宽度为 12±0.035－(0.02～0.04)	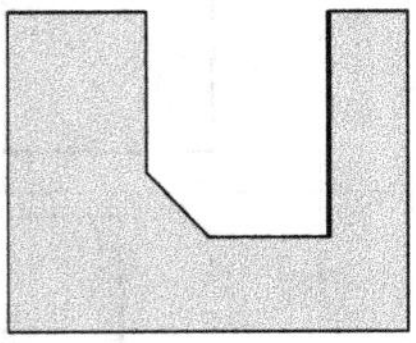	用游标卡尺、外径千分卡测量
	4	再加工 30 尺寸，并用凸件试配至能插入为止，如右图所示	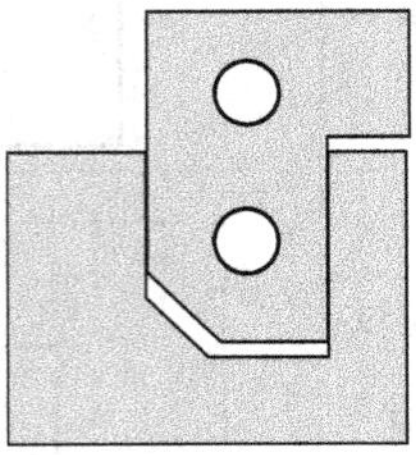	

续表

工序		操作要点	示意图	测量说明
四	5	加工底面和斜面，直到凸件能全部插入，并且五个配合面配合精度达到图 2.31 要求为止		用 0.02～1 规格的塞规塞尺测量各配合面
五		全面检查工件质量，光边，打号上交		

检测评分

项目	序号	考核要求	配分	评分标准	检测结果	得分
凸件	1	42±0.02mm	6			
	2	$23_{-0.052}^{0}$ mm	6			
	3	58±0.023mm	6			
	4	12±0.035mm	6			
	5	18±0.14mm	3			
	6	135°±6′	5			
	7	R_a≤3.2μm（7 处）	7			
	8	φ8H7（2 处）	4			
	9	25±0.2mm	4			
	10	15±0.2mm（2 处）	4			
	11	12±0.2mm	2			
	12	R_a≤3.2μm（2 处）	4			
凹件	13	$50_{-0.039}^{0}$ mm	6			
	14	R_a≤3.2μm（6 处）	6			
配合	15	间隙≤0.05（6 处）	20			
	16	错位量≤0.08	5			
	17	90°±6′	6			
其他	18	安全文明生产	违者视情节轻重扣 1～10 分			
作业点评						

姓名		日期		总分	

单 元 3

钳工典型零件操作工艺

内容透视

通过对钳工考工试题库中大量初、中级试件进行分类后，本单元归纳出比较有代表性的六类工件进行分类训练。本单元包括十四个任务，包括直角类试件、燕尾类试件、曲面类配件、多边形类试件、盲配类试件等。每个任务都配有直观、详尽的图示，包括工艺步骤、操作要点、测量说明等。

教学目标

1. 基本面、孔加工精度能达到中级工要求。
2. 熟练掌握本单元十四个任务的加工工艺。
3. 能运用本单元中工艺安排原则，分析解决相近类型工件工艺安排问题。

任务1　加工F形镶配件

任务目标

1. 熟练掌握测量方法，提高测量精度。
2. 能全面分析锉配中的问题，达到配合要求。

实训操作

1. 实训内容

实训坯料如图3.1所示，加工成图3.2所示F形镶配件。

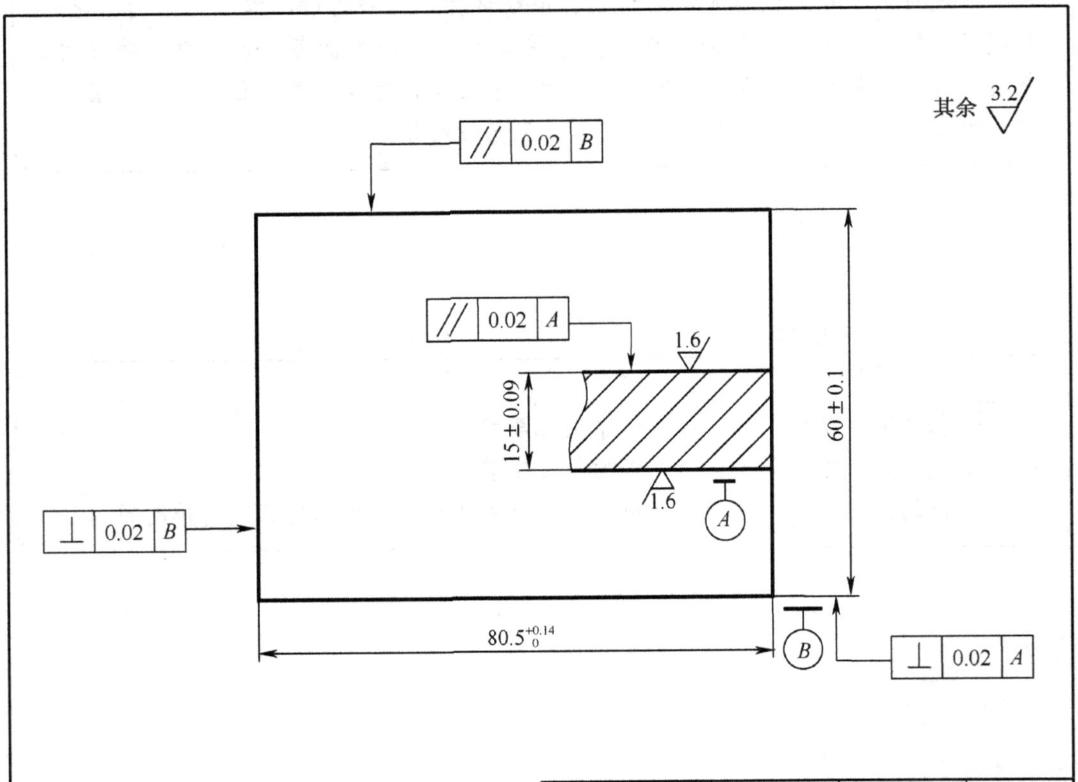

名称	图号	材料	数量
F形镶配件坯料	3.1	Q235	1

图3.1　F形镶配件坯料

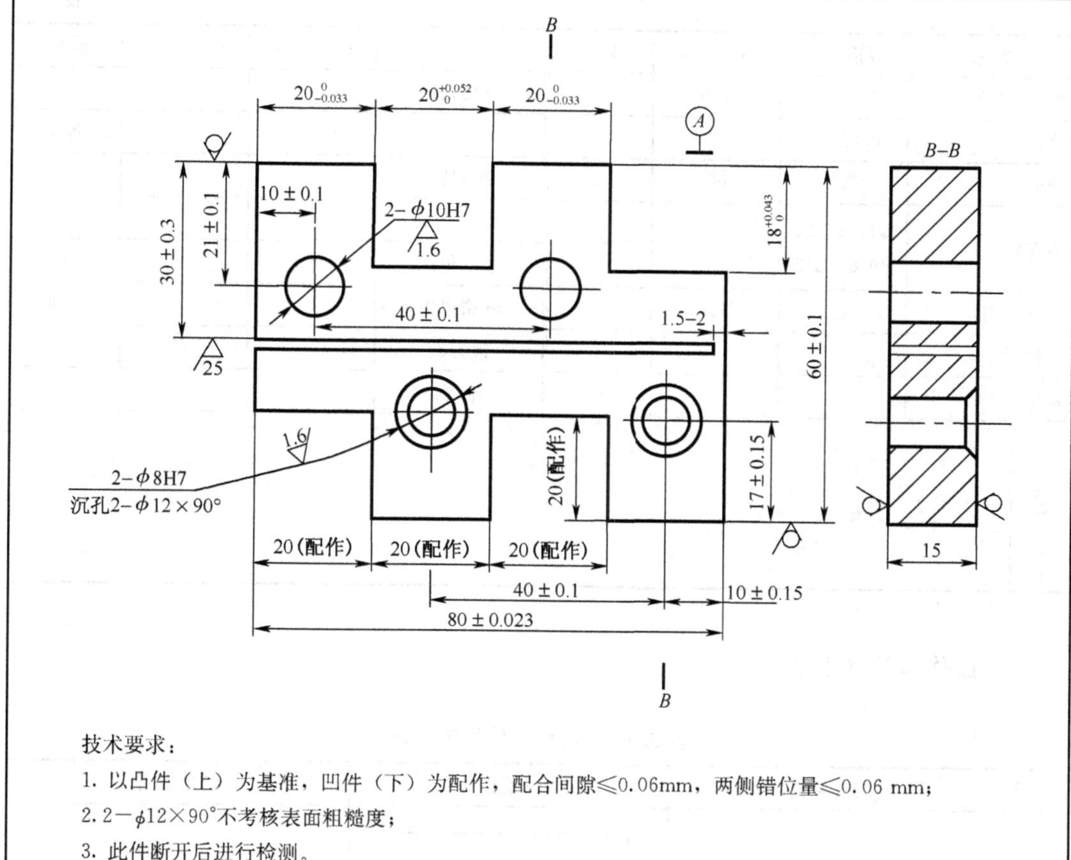

名称	图号	材料	工时
F形镶配件	3.2	Q235	330min

图 3.2　F形镶配件

2. 工、量、刀具清单（表 3.1）

表 3.1　工、量、刀具

名称	规格/mm	精度/mm	数量	名称	规格/mm	精度/mm	数量
高度游标卡尺	0～300	0.02	1	锯条			1
游标卡尺	0～150	0.02	1	锤子			1
外径千分尺	0～25	0.01	1	狭錾子			1
	25～50	0.01	1	样冲			1
	50～75	0.01	1	划针			1
游标万能角度尺	0°～320°	2′	1	钢直尺	150		1

续表

名称	规格/mm	精度/mm	数量	名称	规格/mm	精度/mm	数量
90°刀口角尺	100×63	0 级	1	粗扁锉	250		1
塞尺	0.02～1		1	中扁锉	200、150		各 1
塞规	ϕ8	H7	1	细扁锉	150		1
麻花钻	ϕ4、ϕ7.8、ϕ9.8、ϕ12		各 1	粗三角锉	250		1
				细三角锉	150		1
直柄铰刀	ϕ8	H7	1	软钳口板			1 副
铰杠			1	锉刀刷			1
锯弓			1	毛 刷			1
备注							

3. 操作工艺（表 3.2）

表 3.2　F 形镶配件加工工艺

工序	操作要点	示意图	测量说明
一	对照图 3.1 检查坯料尺寸		用游标卡尺测量，检查是否有明显缺陷，是否符合图纸尺寸
二	加工一组直角边，达到图 3.1 要求，作为划线基准		用 0 级或 1 级直角尺进行测量，要测量二基准面的垂直度，还要测量二个基准面的侧垂度（⊥0.012）
三	以两个已加工面为基准划线。锉削外形，保证尺寸 80±0.023mm，60±0.1mm	80±0.023 60±0.1	用高度游标尺划线； 用直角尺、游标卡尺测量，最后用外径千分尺精测

续表

工序		操作要点	示意图	测量说明
四（凸形）	1	划线，划出所有的加工线及孔位线		高度游标卡尺
	2	锯割，去除右侧一角的余料。锉削加工右侧两直角边，保证尺寸$18^{+0.043}_{0}$、$60^{+0.052}_{-0.066}$及垂直度		用游标卡尺测量，最后用外径千分尺精测
	3	钻排孔，锯割，去除凹槽部分余料。粗锉至划线，精锉至符合图3.2要求。保证尺寸$18^{+0.043}_{0}$ mm，$20^{0}_{-0.033}$ mm，$20^{+0.052}_{0}$ mm，同时保证各面的平面度，槽两侧面与底面的垂直度		用游标卡尺测量
	4	去毛刺，检查精度是否达到图3.2要求		去毛刺要求：各锐边手摸上去光滑无刺感
五（凹形部分）	1	锯割，去除右侧一角的余料。锉削加工右侧二直角边，保证尺寸$18^{+0.043}_{0}$ mm、$60^{0}_{-0.04}$ mm及垂直度		用角尺和游标卡尺、外径千分尺测量
	2	钻排孔，锯割，去除凹槽部分余料，锉削凹槽的三平面		可用ϕ4mm钻头打排孔子。 用角尺和游标卡尺、外径千分尺测量
	3	根据凸形部分的尺寸，修整凹形，确保配合间隙和错位量		用角尺和游标卡尺、外径千分卡测量

续表

工序	操作要点	示意图	测量说明
六	打样冲眼，钻、扩 $\phi9.8$、$\phi7.8$ 孔，$\phi7.8$ 孔口钻 $\phi12\times90°$ 沉槽，孔口倒角，再分别铰孔至 $\phi10H7$、$\phi8H7$		$\phi10H7$、$\phi8H7$ 手铰刀； 游标卡尺检验孔距； 用塞规检验孔径
七	按图 3.2 尺寸和要求，全面检查工件质量，并适当修正		游标卡尺
八	按图纸求锯割中缝，保证尺寸 30±0.3mm，及锯割面的平面度公差 0.3，然后打号上交		观察锯缝是否平直

检测评分

项目	序号	考核要求	配分	评分标准	检测结果	得分
凸件	1	$20_{-0.033}^{0}$mm（2 处）	5×2			
	2	$20_{0}^{+0.052}$mm	4			
	3	$18_{0}^{+0.043}$mm（2 处）	4×2			
	4	80±0.023mm	4			
	5	$R_a3.2$（12 处）	0.5×12			
凹件	6	2－$\phi10H7$	2×2			
	7	21±0.1mm	2×2			
	8	10±0.1mm	4			
	9	40±0.1mm	6			
	10	$R_a1.6$（2 处）	1×2			
	11	2－$\phi8H7$	1.5×2			
	12	40±0.1mm	6			
	13	$R_a1.6$（2 处）	1×2			

续表

<table>
<tr><th>项目</th><th>序号</th><th>考核要求</th><th>配分</th><th>评分标准</th><th>检测结果</th><th>得分</th></tr>
<tr><td rowspan="2">锯割</td><td>14</td><td>30±0.3mm</td><td>6</td><td></td><td></td><td></td></tr>
<tr><td>15</td><td>// 0.3 A</td><td>5</td><td></td><td></td><td></td></tr>
<tr><td rowspan="2">配合</td><td>16</td><td>间隙≤0.06（7 面）</td><td>21</td><td></td><td></td><td></td></tr>
<tr><td>17</td><td>错位量≤0.06</td><td>5</td><td></td><td></td><td></td></tr>
<tr><td>其他</td><td>18</td><td>安全文明生产</td><td colspan="3">违者视情节轻重扣 1～10 分</td><td></td></tr>
<tr><td>作业点评</td><td colspan="6"></td></tr>
</table>

姓名		日期		总分	

任务2 加工V形四方镶配

任务目标

1. 提高锉削及锉配操作技能。
2. 掌握V形四方镶配的加工与测量。

实训操作

1. 实训内容

实训坯料图如图3.3所示，加工成图3.4所示V形四方镶配。

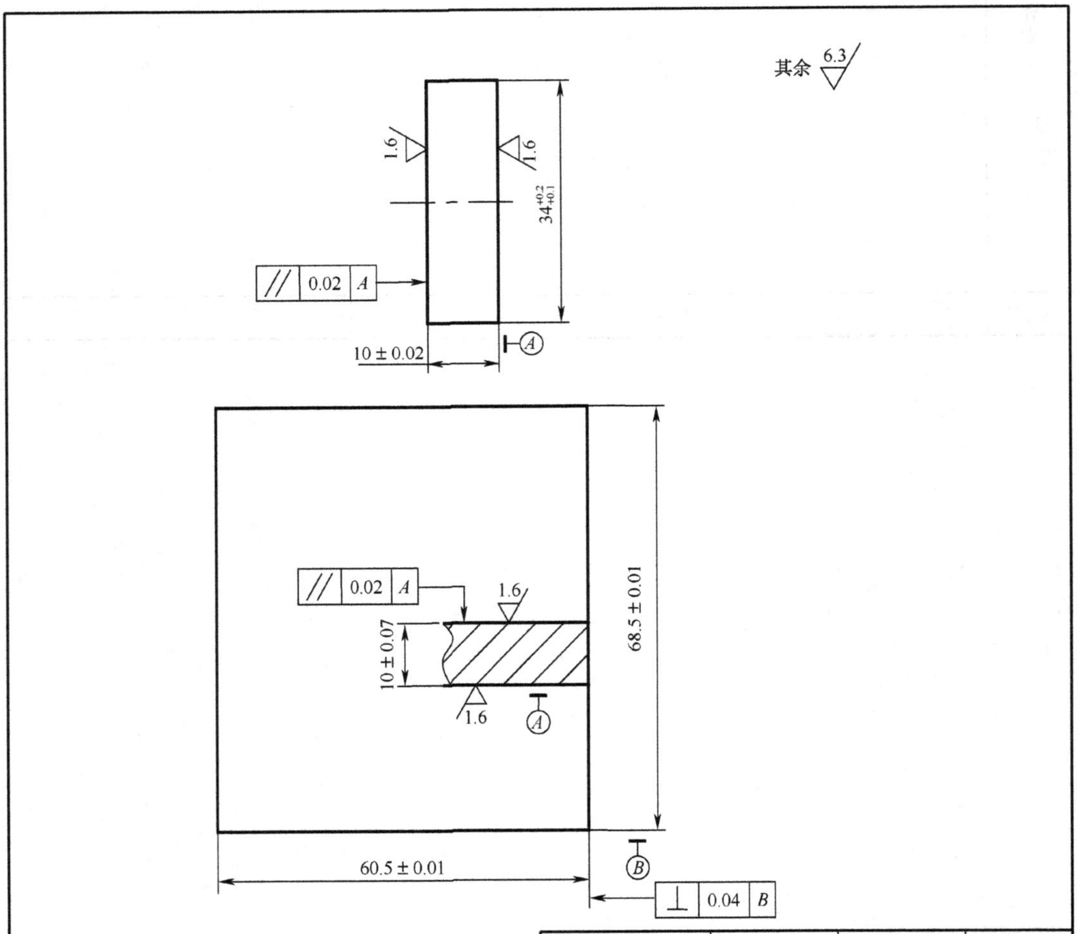

名称	图号	材料	数量
V形四方镶配坯料	3.3	Q235	1

图3.3 V形四方镶配坯料

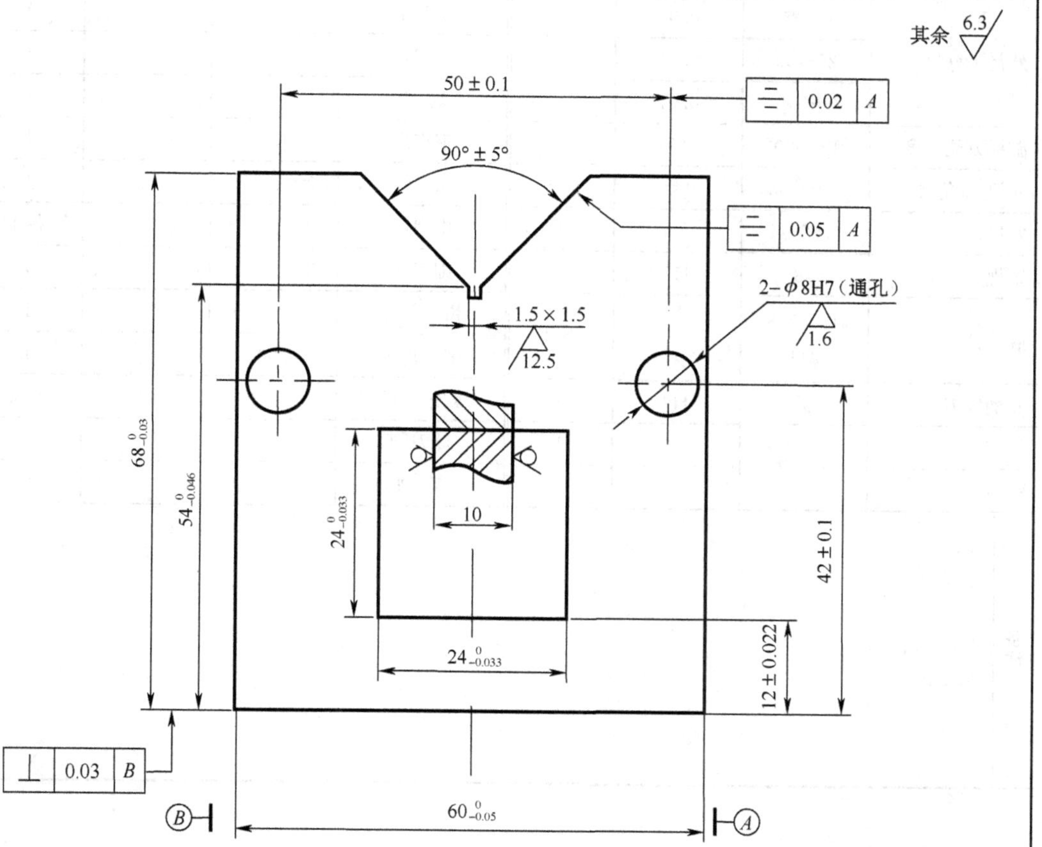

技术要求：

1. 以凸件（上）为基准，凹件（下）为配作，配合间隙≤0.06mm，两侧错位量≤0.06 mm；
2. 2－φ12×90°不考核表面粗糙度；
3. 此件断开后进行检测。

名称	图号	材料	工时
V形四方镶配坯料	3.4	Q235	330min

图 3.4　V形四方镶配坯料

2. 量、刀具清单（表 3.3）

表 3.3　量、刀具清单

名称	规格/mm	精度/mm	数量	名称	规格/mm	精度/mm	数量
高度游标卡尺	0～300	0.02	1	锯 条			1
游标卡尺	0～150	0.02	1	锤 子			1

续表

名称	规格/mm	精度/mm	数量	名称	规格/mm	精度/mm	数量
外径千分尺	0～25	0.01	1	狭錾子			1
	25～50	0.01	1	样 冲			1
	50～75	0.01	1	划 针			1
游标万能角度尺	0°～320°	2′	1	钢直尺	150		1
90°刀口角尺	100×63	0 级	1	粗扁锉	300、250		1
塞尺	0.02～1		1	中扁锉	250、200		各 1
塞规	$\phi8$	H7	1	细扁锉	200、150		1
麻花钻	$\phi4$、$\phi7.8$、$\phi11$		各 1	粗三角锉	250		1
				细三角锉	200		1
直柄铰刀	$\phi8$	H7	1	软钳口板			1 副
铰杠			1	锉刀刷			1
锯弓			1	毛 刷			1
备注							

3. 操作工艺（表 3.4）

表 3.4　V 形四方镶配加工工艺

工序		操作要点	示意图	测量说明
一		检查坯料，确定工艺路线		角尺和游标卡尺
二（凸件）	1	取 $\phi34$ 料，划线。根据划线，锯去两侧余料，锉削两基准面，保证两基准面的平面度、垂直度（同时要求保证与两端面的垂直度）		用高度游标卡尺和 V 形铁在平板上进行划线，划好线后进行检查；用刀口角尺检查平面度和垂直度

续表

工序		操作要点	示意图	测量说明
二（凸件）	2	以上道工序加工的两基准面为基准划线；根据划线锯去余料；锉削四方块的第三、第四面，保证尺寸 $24_{-0.033}^{\ 0}$	$24_{-0.033}^{\ 0}$　$24_{-0.033}^{\ 0}$	用角尺和游标卡尺、外径千分尺测量
	3	检查、修整，去毛刺（四条锐边可倒成 $R0.3$ 圆弧）		去毛刺要求：各锐边手摸上去光滑无刺感
三（凹件）	1	取另一方料。加工一组直角边，达到图 3.4 要求，作为划线基准		用角尺测量
	2	以前两面为基准划线。粗锉至划线，精锉达到图 3.4 要求。保证尺寸 $60_{-0.05}^{\ 0}$，$68_{-0.03}^{\ 0}$		用高度游标卡尺划线；用角尺和游标卡尺、外径千分尺测量

续表

工序		操作要点	示意图	测量说明
三(凹件)	3	根据图 3.4 及工件实际尺寸划线，钻排孔，錾去内四方余料	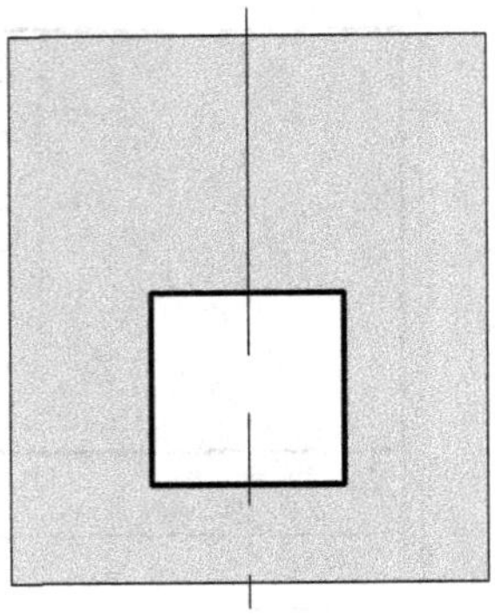	ϕ4 小钻头，錾子、锤子
	4	粗锉至划线后精锉，留适当余量。先修整底面至尺寸 12±0.022，再根据凸件修配，至四个配合面配合精度达到图纸要求	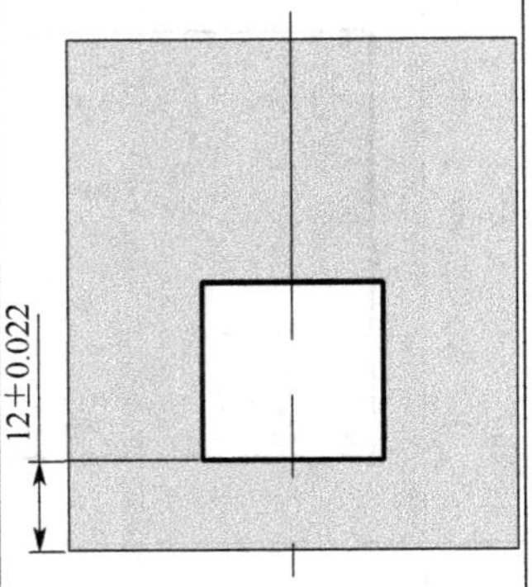 12±0.022	用角尺和游标卡尺、外径千分尺测量
	5	锯割去除 V 形槽余料。粗锉至划线，精锉至图 3.4 要求，保证尺寸 90°±5′，间接保证尺寸 $54_{-0.046}^{\ 0}$mm	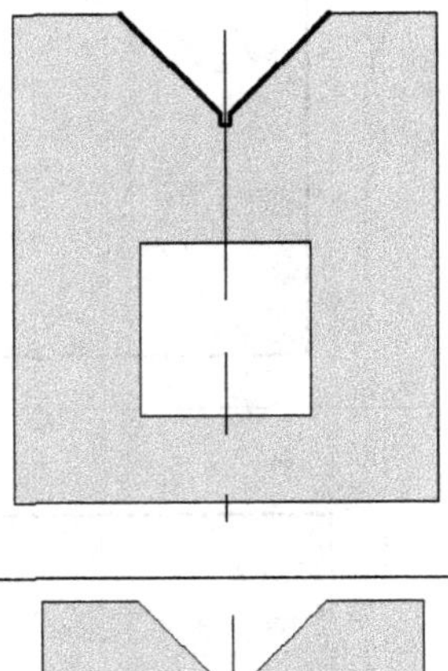	游标卡尺，ϕ10 圆柱销，万能角度尺
	6	打样冲眼，钻、扩、铰 2－ϕ8H7 孔，确保两孔位置精度 50±0.1mm 及 42±0.1mm	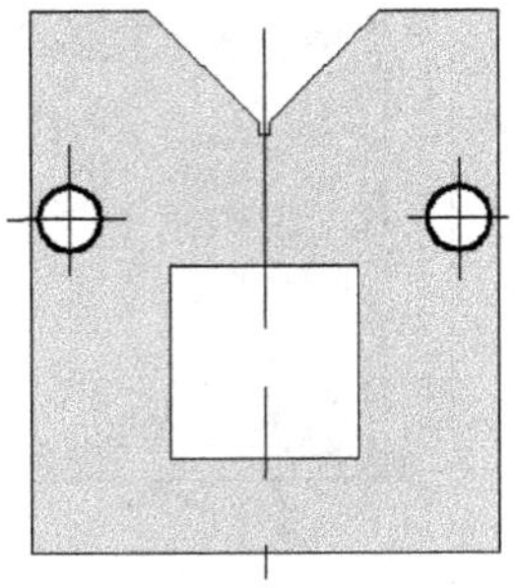	样冲，ϕ4，ϕ7.8 钻头，ϕ8H7 手铰刀，游标卡尺；用塞规检验孔径

续表

工序	操作要点	示意图	测量说明
四	按图 3.4 尺寸和要求，全面检查工件质量，并适当修正，然后打号上交	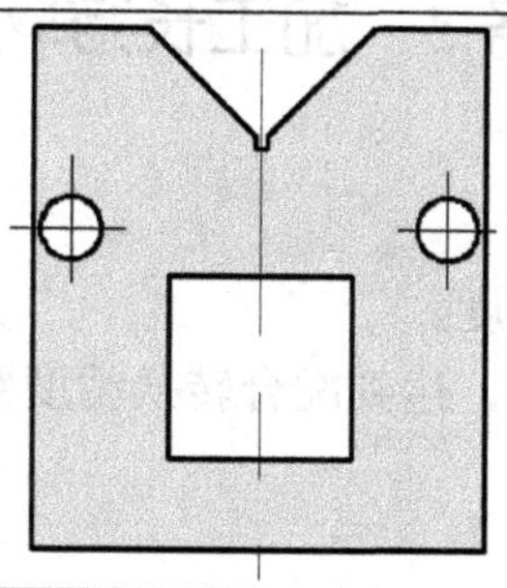	配合间隙测量用 0.02～1 规格的塞尺

检测评分

项目	序号	考核要求	配分	评分标准	检测结果	得分
凸件	1	$24_{-0.033}^{0}$mm（2 处）	7×2			
	2	R_a3.2mm（4 处）	1×4			
凹件	3	$68_{-0.03}^{0}$mm	3			
	4	$60_{-0.05}^{0}$mm	3			
	5	$54_{-0.046}^{0}$mm	8			
	6	12±0.022mm	3			
	7	90°±5′	4			
	8	⌯ 0.05 A	5			
	9	⊥ 0.03 B	3			
	10	R_a3.2（10 处）	0.5×10			
	11	2－ϕ8H7	1.5×2			
	12	42±0.1mm	3			
	13	50±0.1mm	6			
	14	⌯ 0.2 A	5			
	15	R_a1.6（2 处）	1.5×2			
配合	16	间隙≤0.04（8 面）	28			
其他	17	安全文明生产	违者视情节轻重扣 1～10 分			
作业点评						
姓名		日期		总分		

任务3 加工长方转位对配

任务目标

1. 提高锉配技能和熟练程度。
2. 熟悉掌握锉配件的修整，达到配合转换精度要求。

实训操作

1. 实训内容

实训坯料如图 3.5 所示，加工成图 3.6 所示长方转位对配。

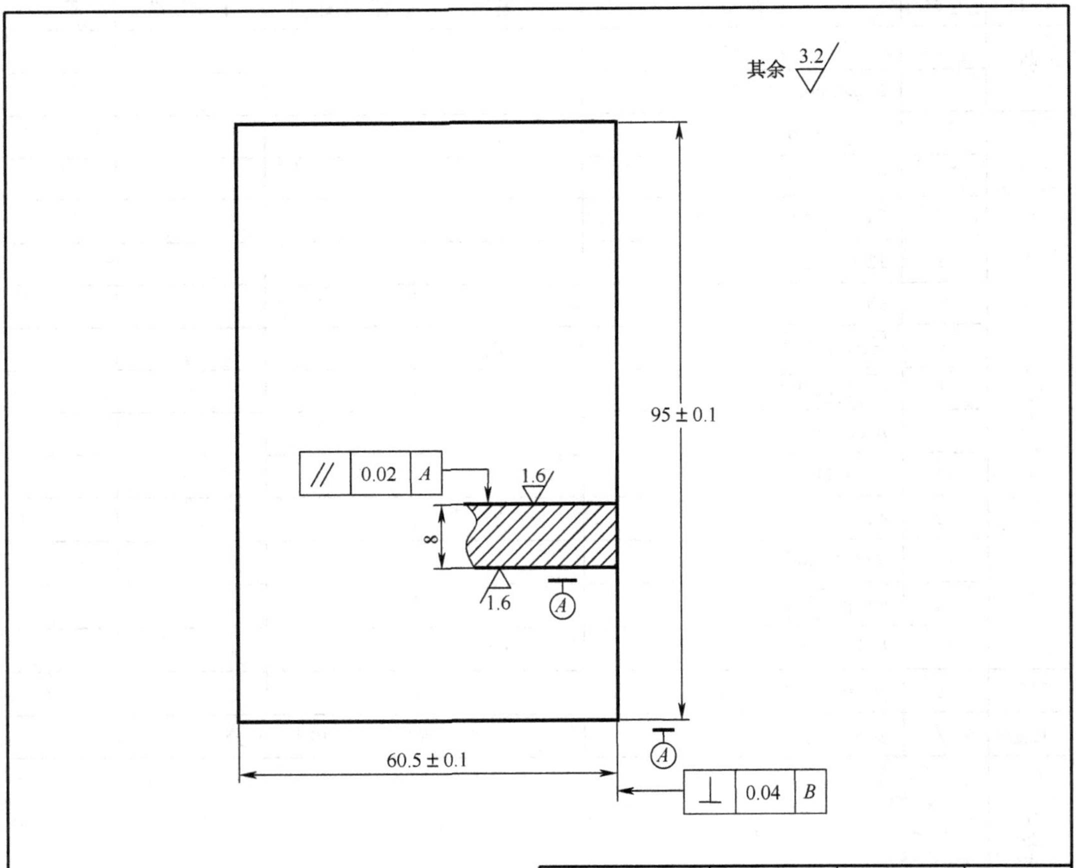

名称	图号	材料	数量
长方转位对配坯料	3.5	Q235	1

图 3.5 长方转位对配坯料

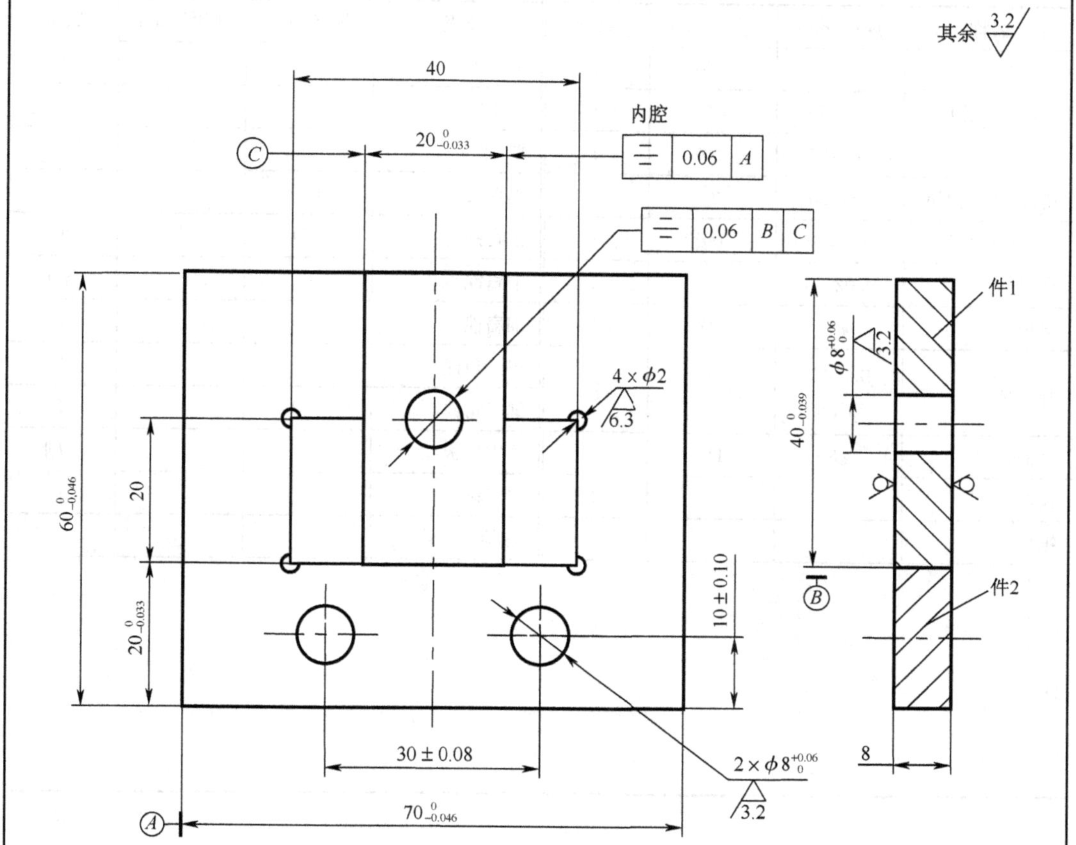

技术要求：

1. 件 2 内腔按件 1 配作，锐边倒圆 $R0.3$；
2. 配合（转位 90°配合）间隙不超过 0.08；
3. 外形（翻转 180°外形）错位 0.05。

名称	图号	材料	工时
长方转位对配	3.6	Q235	300min

图 3.6　长方转位对配

2. 工、量、刀具清单（表 3.5）

表 3.5　工、量、刀具清单

名称	规格/mm	精度/mm	数量	名称	规格/mm	精度/mm	数量
高度游标卡尺	0～300	0.02	1	锯 条			1
游标卡尺	0～150	0.02	1	锤 子			1

续表

名称	规格/mm	精度/mm	数量	名称	规格/mm	精度/mm	数量
外径千分尺	0～25	0.01	1	狭錾子			1
	25～50	0.01	1	样 冲			1
	50～75	0.01	1	划 针			1
游标万能角度尺	0°～320°	2′	1	钢直尺	150		1
90°刀口角尺	100×63	0 级	1	粗扁锉	250		1
塞尺	0.02～1		1	中扁锉	200、150		各 1
塞规	$\phi8$	H7	1	细扁锉	150		1
麻花钻	$\phi2$、$\phi4$、$\phi7.8$		各 1	粗三角锉	250		1
				细三角锉	150		1
直柄铰刀	$\phi8$	H7	1	软钳口板			1 副
铰杠			1	锉刀刷			1
锯弓			1	毛 刷			1
备注							

3. 操作工艺（表 3.6）

表 3.6 长方转位对配加工工艺

工序	操作要点	示意图	测量说明
一	对照图 3.5 检查坯料尺寸		用游标卡尺测量，检查是否有明显缺陷，是否符合图纸尺寸
二	加工一组直角边，达到图 3.5 要求，作为划线基准		刀口角尺测量两基准面的垂直度，还要测量两个基准面的侧垂度（⊥0.012mm）

续表

工序		操作要点	示意图	测量说明
三（凸件）	1	划线，锯割取料（70＋0.5）mm×60mm、（20＋0.5）mm×60mm		用高度游标卡尺和V形铁在平板上进行划线，划好线后进行检查，是否正确
	2	取（20＋0.5）mm×60mm一块。加工一组直角边，保证两平面的平面度及相互间的垂直度		刀口角尺测量两基准面的垂直度，还要测量两个基准面的侧垂度（⊥0.012mm）
	3	划线，锯去余料。打样冲眼，钻、铰$\phi8^{+0.06}_{0}$孔		用游标卡尺测量，用塞规检验孔径
	4	修整二基准面，锉削另二平面。保证尺寸$20_{-0.033}^{0}$mm，$40_{-0.039}^{0}$mm及$\phi8^{+0.06}_{0}$孔与两侧面的对称度		用游标卡尺测量，最后用外径千分尺精测
	5	去毛刺，检查精度是否达到图3.6要求		去毛刺要求：各锐边手摸上去光滑无刺感
四（凹件）	1	取料（70＋0.5）×60mm。以两个已加工面为基准划线。锉削另两面保证尺寸$60_{-0.046}^{0}$mm、$70_{-0.046}^{0}$mm	$60^{0}_{-0.046}$ $70^{0}_{-0.046}$	用游标卡尺测量，最后用外径千分尺精测

续表

工序		操作要点	示意图	测量说明
四（凹件）	2	根据划线钻排孔，去除内腔余料。锉削内腔底平面，达到图3.6要求，保证尺寸$20_{-0.033}^{0}$		用游标卡尺、外径千分尺测量
	3	锉削其他三平面，使各面都留0.20mm左右的余量。根据凸件锉配凹件，直到四个配合面配合精度达到图3.6要求为止（保证配合间隙≤0.08）		游标卡尺测量（可先加工20mm尺寸，使凸件能够插入，然后再加工两侧面）
	4	锉削两侧面，注意保证两侧尺寸尽量相等，以保证对称度。根据凸件修配凹件，直到两个配合面配合精度达到图3.6要求为止（保证配合间隙≤0.08）		游标卡尺、刀口角尺测量
	5	钻、铰$\phi 8_{0}^{+0.06}$孔，保证与两侧面的对称度		游标卡尺测量孔间距及孔边距；用塞规检验孔径
五		去毛刺，按图3.6尺寸和要求，全面检查工件质量，并适当修正，然后打号上交		配合间隙测量用0.02～1规格的塞规

检测评分

项目	序号	考核要求	配分	评分标准	检测结果	得分
凸件	1	$20_{-0.033}^{0}$ mm	6	超差不得分		
	2	$40_{-0.039}^{0}$ mm	6	超差不得分		
	3	$\phi 8_{0}^{+0.06}$	2	超差不得分		
	4	[⌯ 0.06 C B]	6	超差0.02不得分		
	5	$R_a \leqslant 3.2\mu m$（2处）	4	超差不得分		
凹件	6	$60_{-0.046}^{0}$ mm	6	超差不得分		
	7	$70_{-0.046}^{0}$ mm	6	超差不得分		
	8	10±0.10mm	6	超差不得分		
	9	30±0.08mm	5	超差不得分		
	10	$2\times\phi 8_{0}^{+0.06}$	4	超差不得分		
	11	20mm	5	超差不得分		
	12	$R_a \leqslant 1.6\mu m$（5处）	13	超差不得分		
	13	$R_a \leqslant 3.2\mu m$	3	超差不得分		
配合	14	[⌯ 0.06 A]（两处）	10	超差不得分		
	16	间隙≤0.08（7处）	14	超差0.02不得分		
	17	错位量≤0.05	4	超差不得分		
其他	18	安全文明生产	违者视情节轻重扣1～10分			
作业点评						
姓名		日期		总分		

任务4 加工燕形镶配

任务目标

1. 提高锉配技能和熟练程度。
2. 熟悉掌握清角锉削方法。
3. 掌握圆孔加工的技能。

实训操作

1. 实训内容

实训坯料如图3.7所示，加工成图3.8所示燕形镶配。

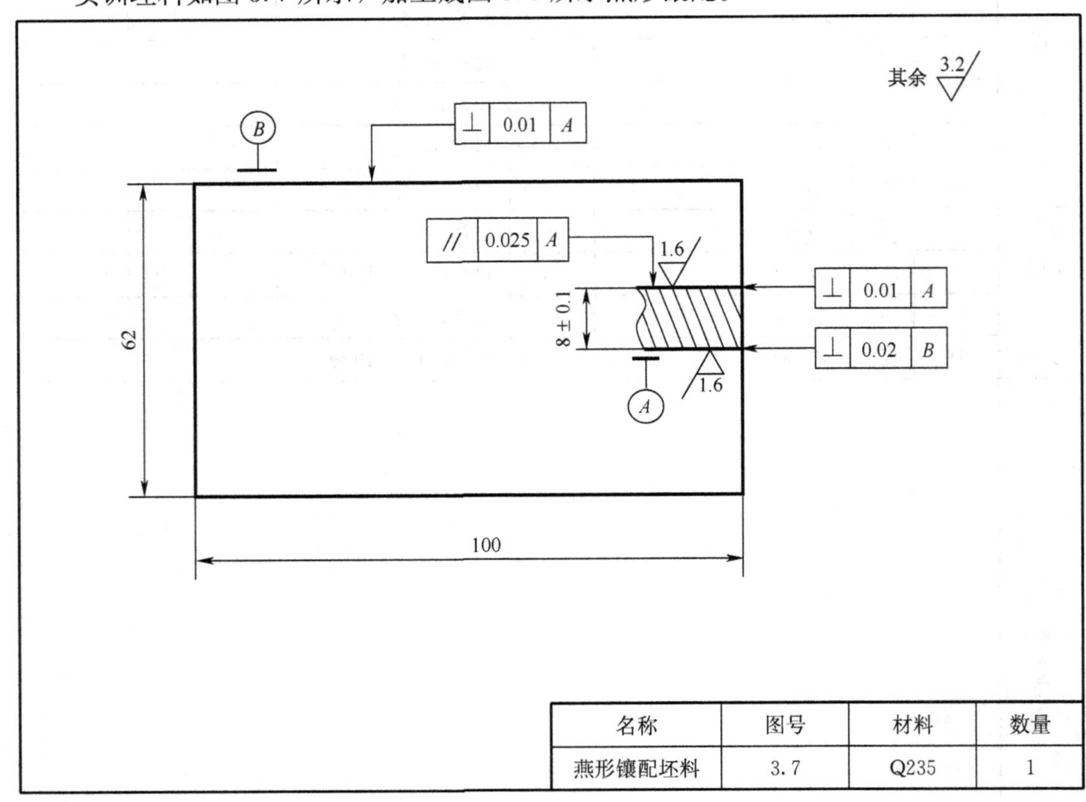

图3.7 燕形镶配坯料

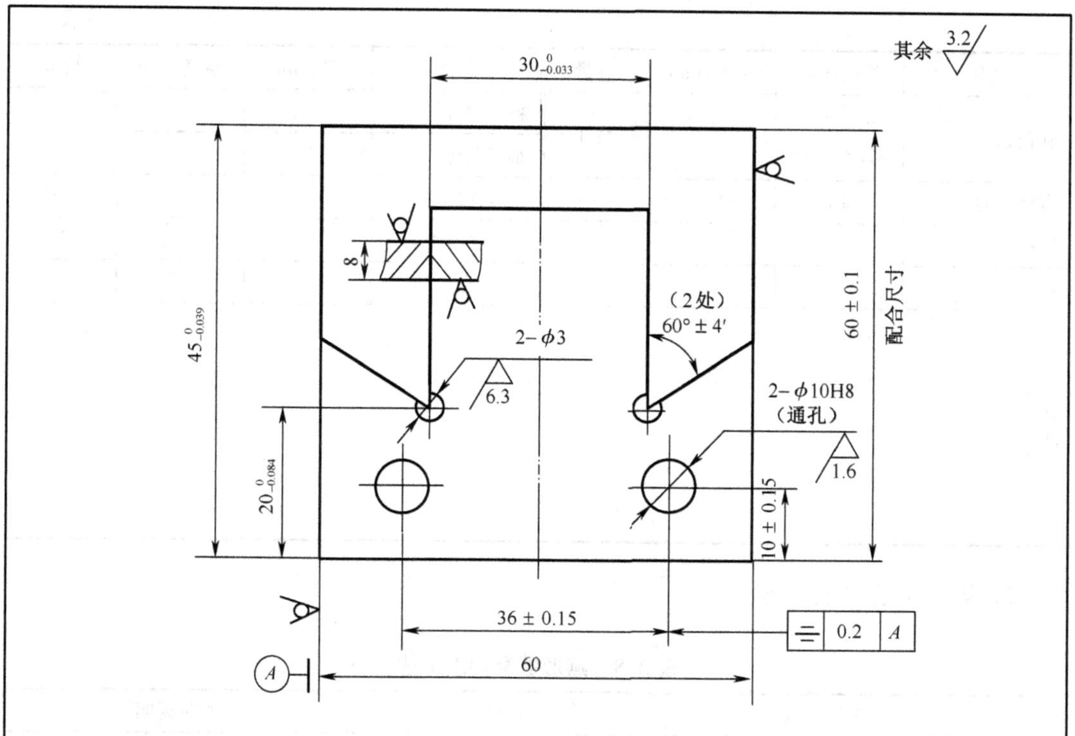

技术要求：

1. 以凸件（下）为基准，凹件（上）为配作；
2. 配合互换间隙≤0.04mm，两侧错位量≤0.06mm。

名称	图号	材料	工时
燕形镶配	3.8	Q235	300min

图 3.8　燕形镶配

2. 工、量、刃具清单（表 3.7）

表 3.7　工、量、刃具清单

名称	规格/mm	精度/mm	数量	名称	规格/mm	精度/mm	数量
高度游标卡尺	0～300	0.02	1	锯 条			1
游标卡尺	0～150	0.02	1	锤 子			1
外径千分尺	0～25	0.01	1	狭錾子			1
	25～50	0.01	1	样 冲			1
测量棒	ϕ10×15		1	划 针			1
游标万能角度尺	0°～320°	2′	1	钢直尺	150		1
90°刀口角尺	100×63	0 级	1	粗扁锉	250		1
塞尺	0.02～1		1	中扁锉	200、150		各 1
塞规	ϕ8	H7	1	细扁锉	150		1

续表

名称	规格/mm	精度/mm	数量	名称	规格/mm	精度/mm	数量
麻花钻	ϕ3、ϕ5、ϕ7.8、ϕ12		各 1	粗三角锉	250		1
				细三角锉	150		1
直柄铰刀	ϕ8	H7	1	软钳口板			1 副
铰杠			1	锉刀刷			1
锯弓			1	毛 刷			1
备注							

3. 操作工艺（表 3.8）

表 3.8　燕形镶配加工工艺

工序		操作要点	示意图	测量说明
一		对照图 3.7 检查坯料尺寸		用游标卡尺测量，检查是否有明显缺陷，是否符合图 3.7 尺寸
二		加工一组直角边，达到图 3.7 要求，作为划线基准		用 0 级或 1 级直角尺进行测量，要测量两基准面的垂直度，还要测量两个基准面的侧垂度
三（凸件）	1	加工划线，锯割取料（45＋0.5）mm×（60＋0.5）mm。		用高度游标卡尺和 V 形铁在平板上进行划线，划好线后进行检查，是否正确
	2	锉削外形 $45_{-0.039}^{0}$ mm×60mm，保证尺寸公差		用游标卡尺测量，最后用外径千分精测

续表

工序		操作要点	示意图	测量说明
三（凸件）	3	钻工艺孔 2－$\phi 3$		
	4	划线，加工右燕形台，保证角度 60°±4′、尺寸 $20_{-0.084}^{0}$ mm、尺寸 $30_{-0.033}^{0}$ mm 达到图纸要求		角度 60°±4′用游标万能角度尺测量，尺寸用游标卡尺测量，最后用外径千分精测［$20_{-0.084}^{0}$ mm 尺寸是通过间接测量保证，即通过测量 $L_2=20_{-0.084}^{0}+5\times(1+\cot 30°)$ mm 来实现，$30_{-0.033}^{0}$ mm 尺寸通过测量 $L_1=0.5\times 60$（实际尺寸）$+0.5\times 30_{-0.033}^{0}$来实现］
	5	划线，加工左燕形台，保证角度 60°±4′、尺寸 $20_{-0.084}^{0}$ mm、尺寸 $30_{-0.033}^{0}$ mm 达到图 3.8 要求		方法同上。尺寸 $30_{-0.033}^{0}$ mm 通过直接测量来保证
	6	划线（左孔长度方向上的尺寸以 L_3 为准），钻、铰 $\phi 8H7$ 孔		尺寸 L_3 通过间接测量保证，$L_3=0.5\times$凸件 60 的实际尺寸$-0.5\times(36\pm 0.15)$，以达到对称度要求。用 $\phi 8H7$ 塞规检查孔的尺寸精度，用游标卡尺测量各孔位置精度
	7	去毛刺，检查精度是否达到图 3.8要求		去毛刺要求：各锐边手摸上去光滑无刺感
四（凹件）	1	加工一组直角边，达到图 3.8 要求，作为划线基准		用角尺测量

续表

工序		操作要点	示意图	测量说明
四（凹件）	2	锉削外形 $45_{-0.039}^{0}$ mm×60mm，可以各留 0.2mm 余量		用角尺和游标卡尺
	3	划线，排孔，锯割，取下内凹块		可用 $\phi5$ 钻头打排孔
	4	通过锉削进行初加工，使各面都留 0.20mm 左右的余量		用游标卡尺、游标万能角度尺测量
	5	先锉削凹形左侧面，保证尺寸 L_4（15mm）	L_4	$L4$ 的尺寸通过间接测量保证，即通过测量 L_4＝0.5×60 处的实际尺寸－凸件 0.5×30 处的实际尺寸＋0.5×间隙值来实现，保证配合后的对称度要求
	6	根据凸件锉配凹件，再加工 30mm 尺寸，使凸件能够插入，然后再加工底面和斜面，直到五个配合面配合精度达到图 3.8 要求为止		用游标卡尺、外径千分卡测量
	7	根据凸件锉配凹件的外形尺寸，$45_{-0.039}^{0}$ mm×60mm，保证配合尺寸 60±0.1 达到要求		用游标卡尺测量，最后用外径千分精测

续表

工序	操作要点	示意图	测量说明
五	去毛刺，按图3.8尺寸和要求，全面检查工件质量，并适当修正，然后打号上交	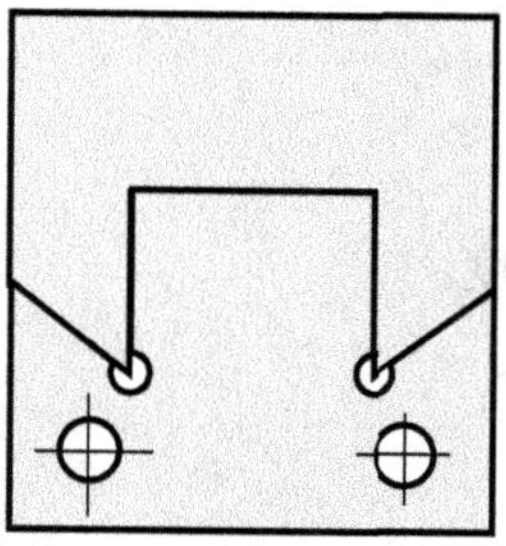	配合间隙测量用0.02～1规格的塞规

检测评分

项目	序号	考核要求	配分	评分标准	检测结果	得分
凸件	1	$30_{-0.033}^{\ 0}$mm	6	超差全扣		
	2	$45_{-0.039}^{\ 0}$mm	5	超差全扣		
	3	$20_{-0.084}^{\ 0}$mm（2处）	2×6	超差1处扣6分		
	4	$60°\pm4'$（2处）	2×4	超差1处扣4分		
	5	$R_a3.2\ \mu m$（6处）	6×0.5	超差1处扣0.5分		
	6	$\phi8H7$（2处）	2×2	超差1处扣2分		
	7	10±0.15mm	3	超差全扣		
	8	36±0.15mm	7	超差全扣		
	9	⌯ 0.2 *A*	5	超差全扣		
	10	$R_a1.6\ \mu m$（2处）	2×1.5	超差1处扣1.5分		
凹件	11	$R_a3.2\ \mu m$（6处）	6×0.5	超差1处扣0.5分		
配合	12	间隙≤0.04（10处）	10×2.5	超差1处扣2.5分		
	13	错位量≤0.06（2处）	4×2	超差1处扣4分		
	14	60±0.1mm（2处）	4×2	超差1处扣4分		
其他	15	安全文明生产	违者视情节轻重扣1～10分			
作业点评						

姓名		日期		总分	

任务5 加工燕尾对配

任务目标

1. 会使用V形铁划线。
2. 提高锉配技能和熟练程度。
3. 熟练掌握清角锉削方法。
4. 掌握圆孔加工的技能。

实训操作

1. 实训内容

实训坯料如图3.9所示，加工成图3.10所示燕尾对配。

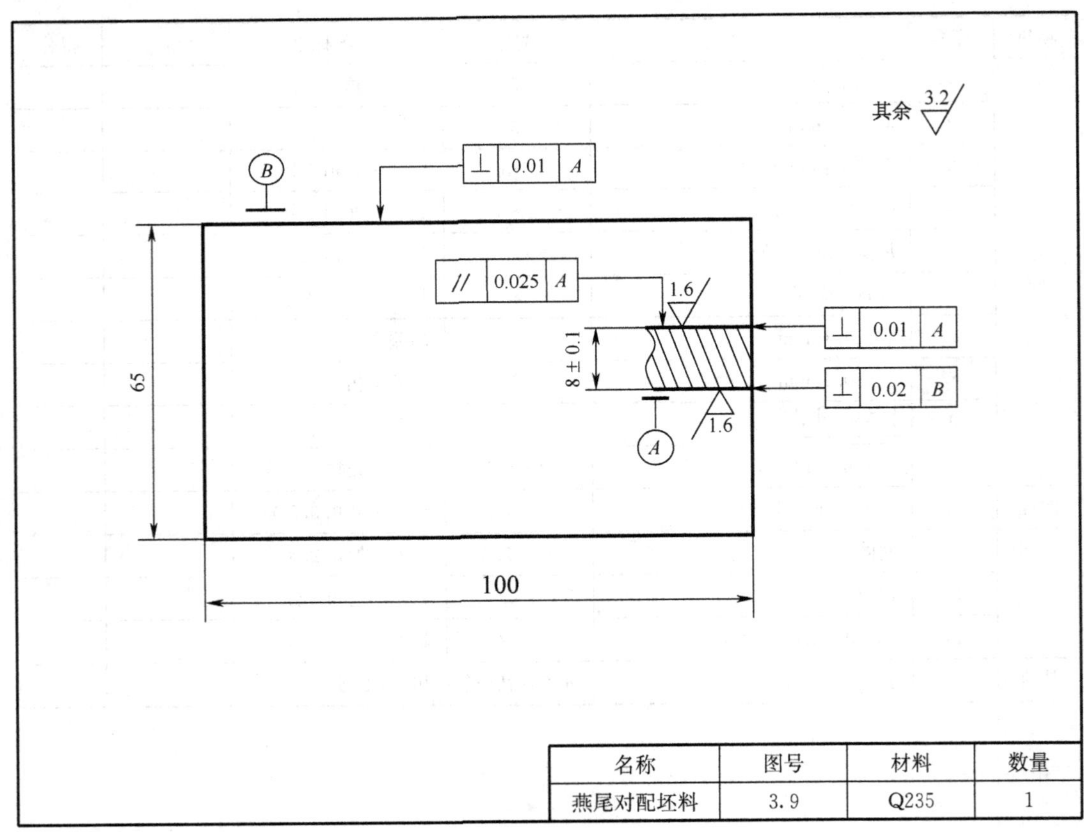

名称	图号	材料	数量
燕尾对配坯料	3.9	Q235	1

图3.9 燕尾对配坯料

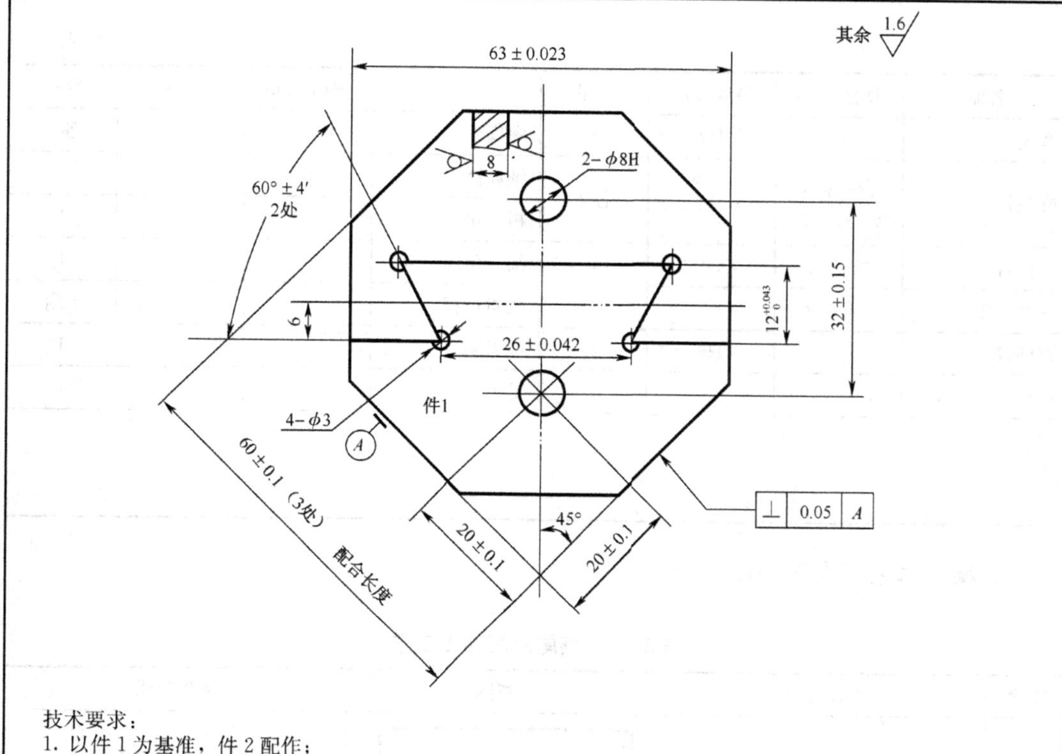

技术要求：
1. 以件 1 为基准，件 2 配作；
2. 按图示，两配合件及相对翻转 180°间隙≤0.04mm，外形错位量≤0.04mm；
3. 所有配合尺寸和形位公差均按两件配合相对正反检测两次。

名称	图号	材料	工时
燕尾对配	3.10	Q235	360min

图 3.10　燕尾对配

2. 工、量、刀具清单（表 3.9）

表 3.9　工、量、刀具清单

名称	规格/mm	精度/mm	数量	名称	规格/mm	精度/mm	数量
高度游标卡尺	0～300	0.02	1	锯 弓			1
游标卡尺	0～150	0.02	1	锯 条			1
外径千分尺	0～25	0.01	1	锤 子			1
	25～50	0.01	1	狭錾子			1
	50～75	0.01	1	样 冲			1
角度样板	120°	2′	1	V 形铁			
游标万能角度尺	0°～320°	2′	1	划 针			1
90°刀口角尺	100×63	0 级	1	钢直尺	150		1
塞尺	0.02～1		1	粗扁锉	250		1

续表

名称	规格/mm	精度/mm	数量	名称	规格/mm	精度/mm	数量
塞规	$\phi8$	H7	1	中扁锉	200，150		各 1
麻花钻	$\phi2$、$\phi5$、$\phi7.8$、$\phi12$		各 1	细扁锉	150		1
				粗三角锉	250		1
杆杠百分表	0～0.8	0.01	1	细三角锉	150		1
磁性表座			1	软钳口板			1 副
直柄铰刀	$\phi8$	H7	1	锉刀刷			1
铰杠			1	毛 刷			1
备注							

3. 操作工艺（表 3.10）

表 3.10 燕尾对配加工工艺

工序		操作要点	示意图	测量说明
一		对照图 3.10 检查坯料尺寸		用游标卡尺测量，检查是否有明显缺陷，是否符合图纸尺寸
二		加工一组直角边，达到图 3.10 要求，作为划线基准		用 0 级或 1 级直角尺进行测量，要测量两基准面的垂直度，还要测量两个基准面的侧垂度（⊥0.012mm）
三（凸件）	1	加工划线，锯割取料 65×40mm	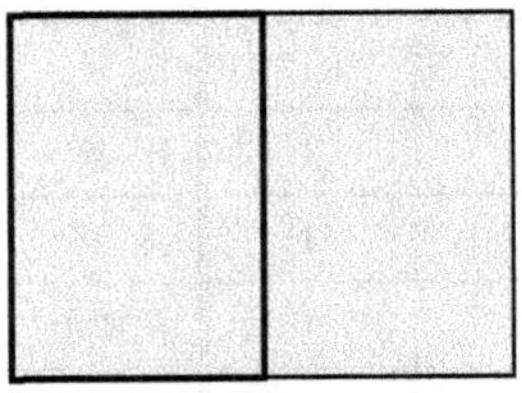	用高度游标卡尺和 V 形铁在平板上进行划线，划好线后进行检查，是否正确
	2	锉削外形（63±0.023）mm×〔1/2×（63±0.1）+6〕mm，保证尺寸公差		用游标卡尺测量，最后用径千分精测

续表

工序		操作要点	示意图	测量说明
三（凸件）	3	钻工艺孔 2－ϕ3		
	4	划线，加工右燕尾台，保证角度 60°±4′、尺寸 $12^{+0.043}_{0}$ mm、尺寸 26±0.042mm 达到图纸要求	L_1	角度 60°±4′用游标万能角度尺测量，尺寸用游标卡尺测量，最后用外径千分精测［26±0.042 尺寸是通过间接测量保证，即通过测量 L_1=0.5×63±0.023 处的实际尺寸+0.5×(26±0.042)+5×(1+cot30°)实现］
	5	划线，加工左燕形台，保证角度 60°±4′、尺寸 $12^{+0.043}_{0}$ mm、尺寸 26±0.042mm 达到图纸要求	L_2	方法同上［26±0.042mm 尺寸是通过间接测量保证，即通过测量 L_2=26±0.042+2×5×（1+cot30°）实现］
	6	划线，钻、铰 ϕ8H7 孔		用 ϕ8H7 塞规检查孔的尺寸精度，用游标卡尺测量各孔位置精度
	7	划线，锉削两边 45°的斜面	L_3	L_3 尺寸图上没有，通过计算 L_3=2×0.5×(63±0.1)cot(0.5×45°)所得，划线利用 V 形铁
	8	去毛刺，检查精度是否达到图 3.10要求		去毛刺要求：各锐边手摸上去光滑无刺感

续表

工序		操作要点	示意图	测量说明
四（凹件）	1	加工一组直角边，达到图 3.10 要求，作为划线基准		用角尺测量
	2	锉削外形（63±0.023）mm×〔1/2（63±0.1）+6〕mm，可以各留 0.2mm 余量		用角尺和游标卡尺测量
	3	划线，钻工艺孔和排孔，锯割，去除凹燕尾部分余料，粗锉接近尺寸线，使各面都留 0.20 左右的余量	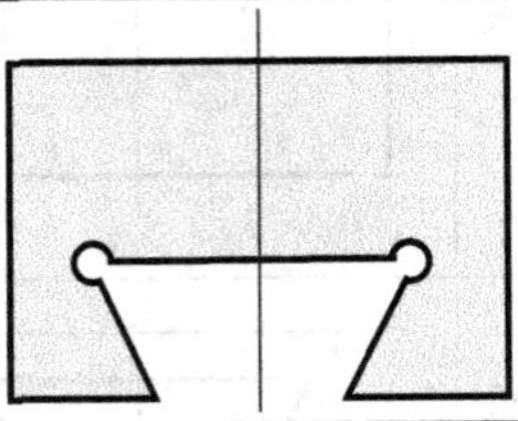	钻工艺孔时要考虑外形尺寸 0.20mm 余量。可用 ϕ5mm 钻头打排孔
	4	先锉削凹燕尾左侧面，保证尺寸 L_4	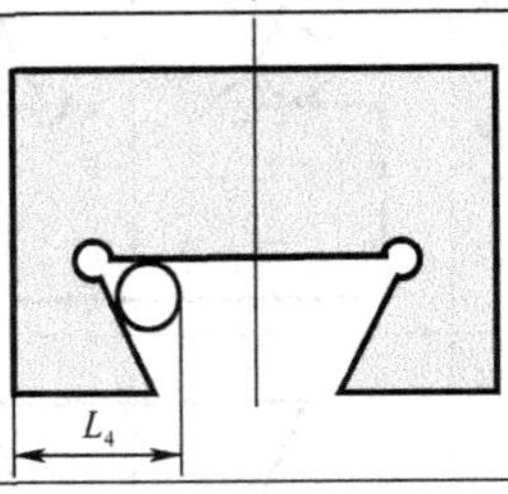 L_4	L_4 的尺寸通过 ϕ10 芯棒间接测量保证。即通过测量 $L_4=0.5\times63$ 处的实际尺寸－凸件 0.5×26 处的实际尺寸＋6.73，保证配合后的对称度要求
	5	根据凸件锉配凹件，再加工底面，保证配合长度，然后再加工另一侧面和顶面，直到五个配合面配合精度达到图 3.10 要求为止	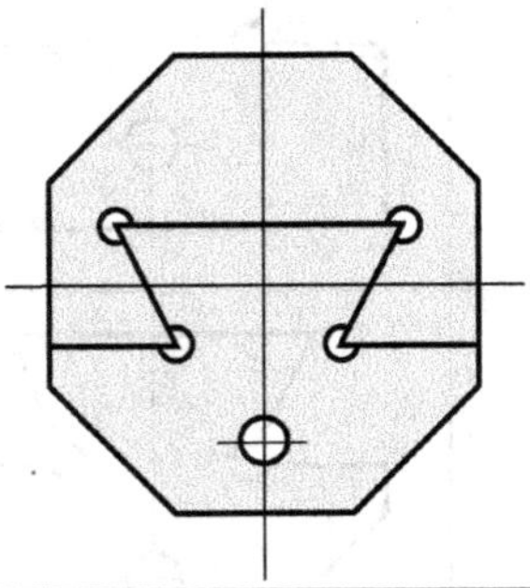	用游标卡尺、外径千分卡测量
	6	根据凸件锉配凹件的外形尺寸 63±0.023，保证配合尺寸 60±0.1（3 处）达到要求		用游标卡尺测量，最后用外径千分精测
	7	以凸件孔为基准，划线，钻、铰凹件上 ϕ8H7 孔	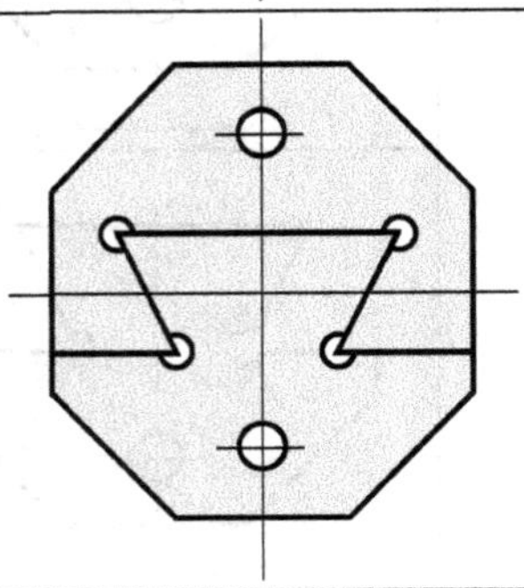	用 ϕ8H7 塞规检查孔的尺寸精度，用游标卡尺测量各孔位置精度
五		去毛刺，按图 3.10 尺寸和要求，全面检查工件质量，并适当修正，然后打号上交		配合间隙测量用 0.02～1 规格的塞规

检测评分

项目	序号	考核要求	配分	评分标准	检测结果	得分
凸件	1	63±0.023mm	4	超差全扣		
	2	26±0.042mm	7.5	超差全扣		
	3	$12^{+0.043}_{0}$mm（2 处）	2×4	超差 1 处扣 4 分		
	4	60°±4′（2 处）	2×4	超差 1 处扣 4 分		
	5	R_a≤1.6μm 面（10 处）	10×0.5	超差 1 处扣 0.5 分		
	6	ϕ8H7	2	超差全扣		
	7	120±0.1mm（2 处）	2×2	超差 1 处扣 2 分		
	8	R_a≤1.6μm 孔	2	超差全扣		
凹件	9	R_a≤1.6μm 面（9 处）	9×0.5	超差 1 处扣 0.5 分		
	10	63±0.023mm	4	超差全扣		
	11	ϕ8H7	2	超差全扣		
	12	R_a≤1.6μm 孔	2	超差全扣		
配合	13	间隙≤0.04（10 处）	10×1.5	超差 1 处扣 1.5 分		
	14	错位量≤0.04（4 处）	4×2	超差 1 处扣 2 分		
	15	63±0.1mm（6 处）	6×2	超差 1 处扣 2 分		
	16	32±0.15mm（2 处）	3×2	超差 1 处扣 3 分		
	17	⊥ 0.05 A（2 处）	2×3	超差 1 处扣 3 分		
其他	18	安全文明生产	违者视情节轻重扣 1～10 分			
作业点评						

姓名		日期		总分	

任务6　加工单槽角度对配

任务目标

1. 提高锉配技能和熟练程度。
2. 熟悉掌握清角锉削方法。
3. 掌握圆孔加工的技能。

实训操作

1. 实训内容

加工坯料如图 3.11 所示，加工成图 3.12 所示单槽角度对配。

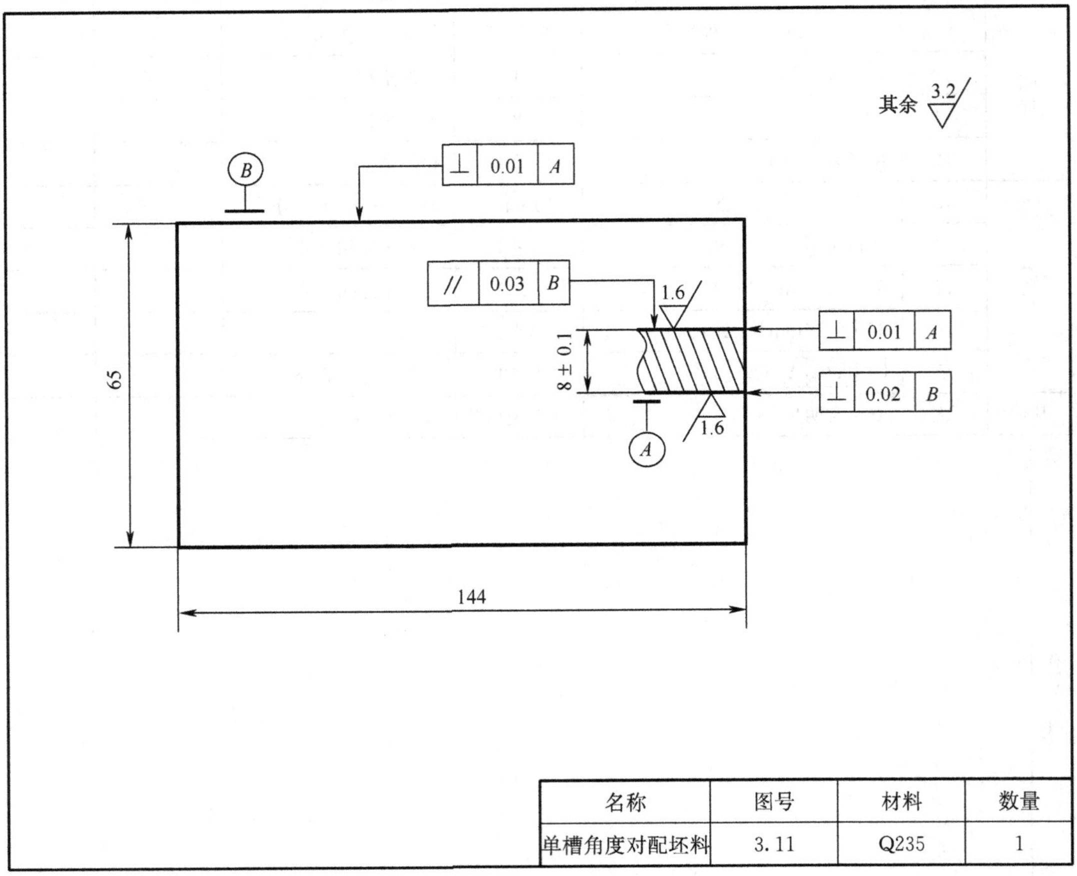

名称	图号	材料	数量
单槽角度对配坯料	3.11	Q235	1

图 3.11　单槽角度对配坯料

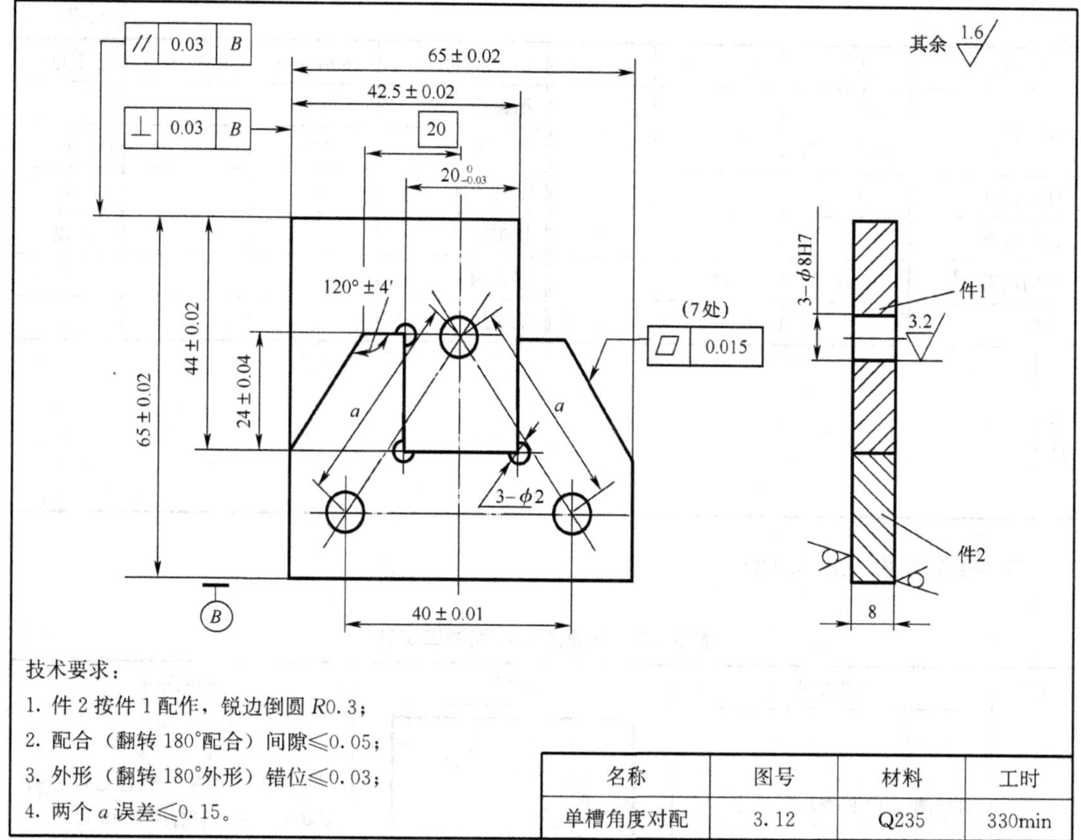

图 3.12　单槽角度对配

2. 工、量、刀具清单（表 3.11）

表 3.11　工、量、刀具清单

名称	规格/mm	精度/mm	数量	名称	规格/mm	精度/mm	数量
高度游标卡尺	0～300	0.02	1	锯 弓			1
游标卡尺	0～150	0.02	1	锯 条			1
外径千分尺	0～25	0.01	1	锤 子			1
	25～50	0.01	1	狭錾子			1
	50～75	0.01	1	样 冲			1
角度样板	120°	2′	1	V 形铁			
游标万能角度尺	0°～320°	2′	1	划 针			1
90°刀口角尺	100×63	0 级	1	钢直尺	150		1
塞尺	0.02～1		1	粗扁锉	250		1
塞规	ϕ8	H7	1	中扁锉	200、150		各 1

续表

名称	规格/mm	精度/mm	数量	名称	规格/mm	精度/mm	数量
麻花钻	ϕ2、ϕ5、ϕ7.8、ϕ12		各 1	细扁锉	150		1
				粗三角锉	250		1
杆杠百分表	0～0.8	0.01	1	细三角锉	150		1
磁性表座			1	软钳口板			1 副
直柄铰刀	ϕ8	H7	1	锉刀刷			1
铰杠			1	毛 刷			1
备注							

3. 操作工艺（表 3.12）

表 3.12 单槽角度对配加工工艺

工序		操作要点	示意图	测量说明
一		对照图 3.12 检查坯料尺寸		用游标卡尺测量，检查是否有明显缺陷，是否符合图 3.12 尺寸
二		加工一组直角边，达到图 3.12 要求，作为划线基准		用 0 级或 1 级直角尺进行测量，要测量两基准面的垂直度，还要测量两个基准面的侧垂度（⊥0.012mm）
三（凸件）	1	加工划线，锯割取料 45mm×46 mm		用高度游标卡尺和 V 形铁在平板上进行划线，划好线后进行检查，是否正确
	2	锉削外形（42.5±0.02）mm×（44 ± 0.02） mm，保证尺寸公差		用游标卡尺测量，最后用外径千分精测

续表

工序		操作要点	示意图	测量说明
三（凸件）	3	钻工艺孔 $\phi 2$	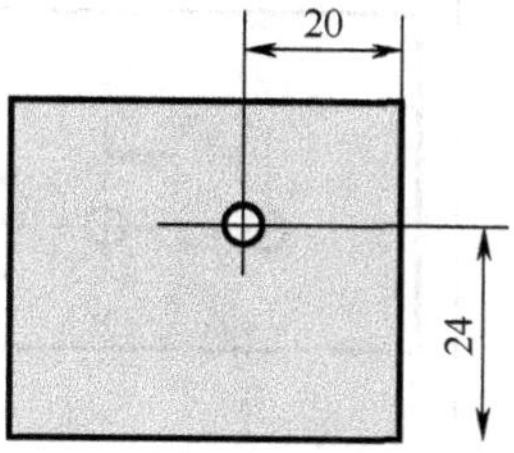 20 24	
	4	划线，排孔，锯割，取下件1内凹块余料，粗锉接近尺寸线，使各面都留0.20mm左右的余量。精锉尺寸$20_{-0.03}^{0}$和24±0.04，再锉斜面，保证角度120°±4′，同时底面平台20尺寸，达到图3.12要求	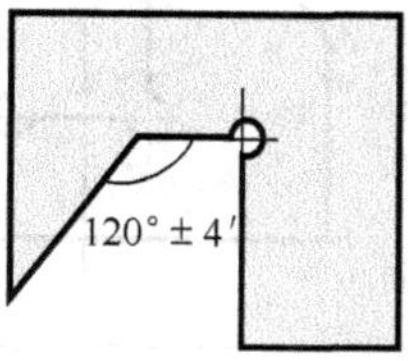 120°±4′	可用$\phi 5$钻头打排孔，用游标卡尺测量，最后用外径千分精测。120°用角度样板测量
	5	划线，钻、铰件1上ϕ8H7孔	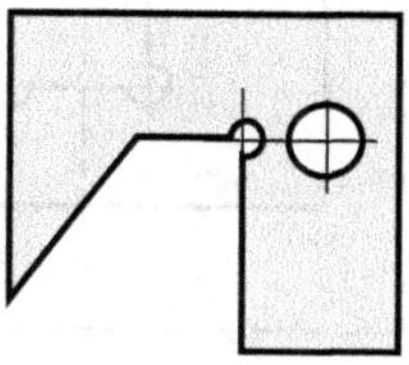	用ϕ8H7塞规检查孔的尺寸精度，用游标卡尺测量各孔位置精度
	6	去毛刺，检查精度是否达到图3.12要求		去毛刺要求：各锐边倒圆$R0.3$
四（凹件）	1	加工一组直角边，达到图3.12要求，作为划线基准		用角尺测量
	2	锉削外形（65±0.02）mm×45mm，可以各留0.2mm余量		用角尺和游标卡尺测量

续表

工序		操作要点	示意图	测量说明
四（凹件）	3	钻工艺孔 2－ϕ2	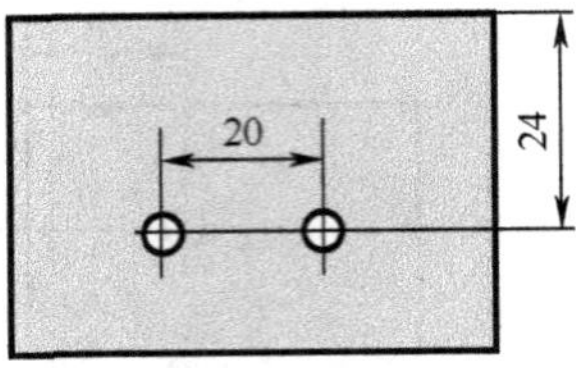	钻工艺孔时要考虑外形尺寸 0.20mm 余量
	4	划线，排孔，锯割，取下内凹块余料，粗锉接近尺寸线，使各面都留 0.20mm 左右的余量	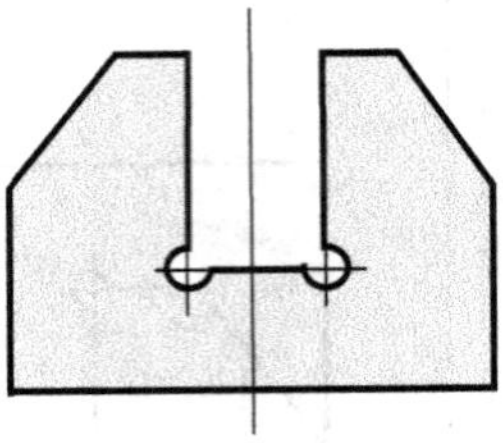	用角尺和游标卡尺，可用 ϕ5 钻头打排孔
	5	先锉削件 2 凹槽右侧面，保证尺寸 L_2	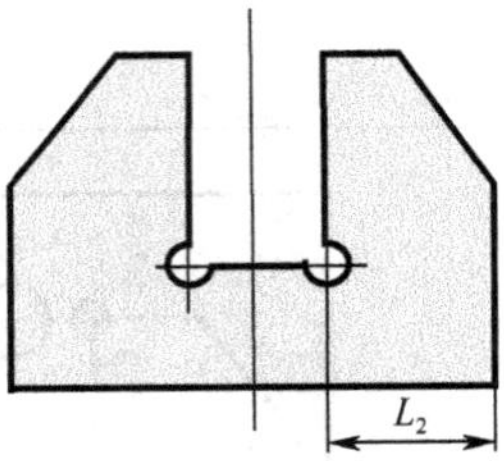	L_2 的尺寸通过间接测量保证，即通过测量 $L_2=0.5\times$（65 ± 0.02）（件 1 处的实际尺寸）$-0.5\times$ $20_{-0.03}^{\ 0}$（实际尺寸）$+0.5\times$间隙值来实现，保证配合后的对称度要求
	6	根据件 2 锉配件 1，再锉削件 2 凹槽另一侧面，使件 1 能够插入，然后再加工底面和斜面，直到五个配合面配合精度达到图纸要求为止	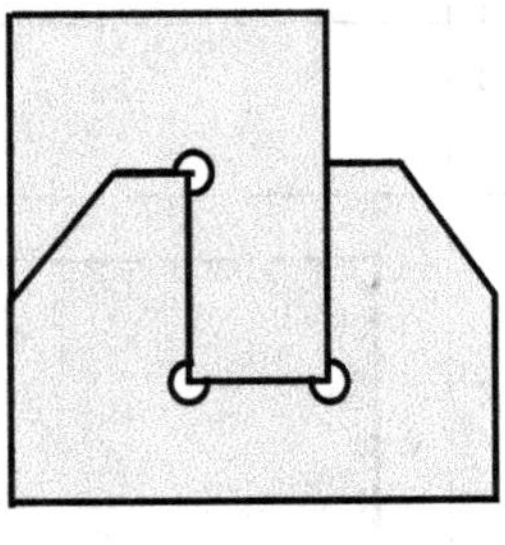	用游标卡尺、外径千分卡测量
	7	根据件 1 锉配件 2 的外形尺寸 65 ± 0.02mm，保证配合尺寸 65 ± 0.02mm 达到要求	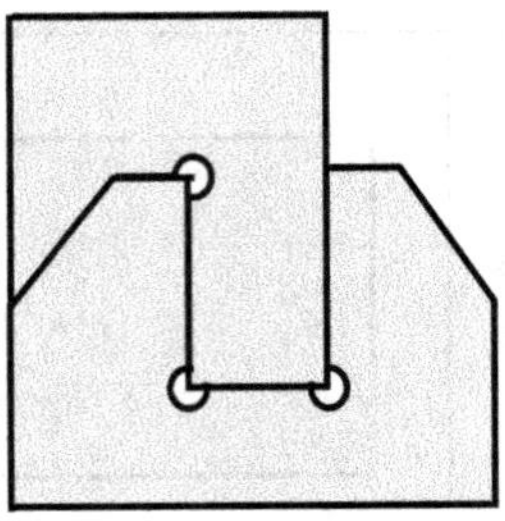	用游标卡尺测量，最后用外径千分精测

续表

工序		操作要点	示意图	测量说明
四（凹件）	8	在件 1 和件 2 配合情况下划线，钻、铰凹件上 ϕ8H7 孔		用 ϕ8H7 塞规检查孔的尺寸精度，用游标卡尺测量各孔位置精度
	9	去毛刺，检查精度是否达到图 3.12要求		去毛刺要求：各锐边倒圆 $R0.3$
五		按图 3.12 尺寸和要求，全面检查工件质量，并适当修正，然后打号上交		配合间隙测量用 0.02～1 规格的塞规

检测评分

项目	序号	考核要求	配分	评分标准	检测结果	得分
凸件	1	42.5±0.02mm	4	超差全扣		
	2	$20_{-0.03}^{0}$mm	4	超差全扣		
	3	24±0.04mm	4	超差全扣		
	4	44±0.02mm	3	超差全扣		
	5	ϕ8H7	2	超差全扣		
	6	$R_a \leqslant 3.2\mu m$（孔）	1	超差全扣		
	7	$R_a \leqslant 1.6\mu m$（面）（7 处）	7×1	超差 1 处扣 1 分		

续表

项目	序号	考核要求	配分	评分标准	检测结果	得分
凹件	8	65±0.02mm	4	超差全扣		
	9	120°±4′（2处）	2×2.5	超差1处扣2.5分		
	10	40±0.10mm	3	超差全扣		
	11	ϕ8H7（2处）	2×2	超差1处扣2分		
	12	R_a3.2（孔）（2处）	2×1	超差1处扣1分		
	13	R_a≤1.6μm（面）（3处）	3×1	超差1处扣1分		
	14	⏥ 0.015（7处）	7×1	超差1处扣1分		
配合	15	间隙≤0.05（5处）	5×4	超差1处扣4分		
	16	外形错位量≤0.03	6	超差全扣		
	17	65±0.02mm	5	超差全扣		
	18	// 0.03 B	4	超差全扣		
	19	⊥ 0.03 B（2处）	2×3	超差1处扣2分		
	20	长度 a 误差≤0.15（2处）	2×3	超差1处扣2分		
其他	21	安全文明生产	违者视情节轻重扣1～10分			
作业点评						
姓名		日期		总分		

任务 7　加工 R 镶配

任务目标

1. 提高锉配技能和熟练程度。
2. 熟练掌握清角锉削方法。

实训操作

1. 实训内容

加工坯料如图 3.13 所示，加工成图 3.14 所示 R 镶配。

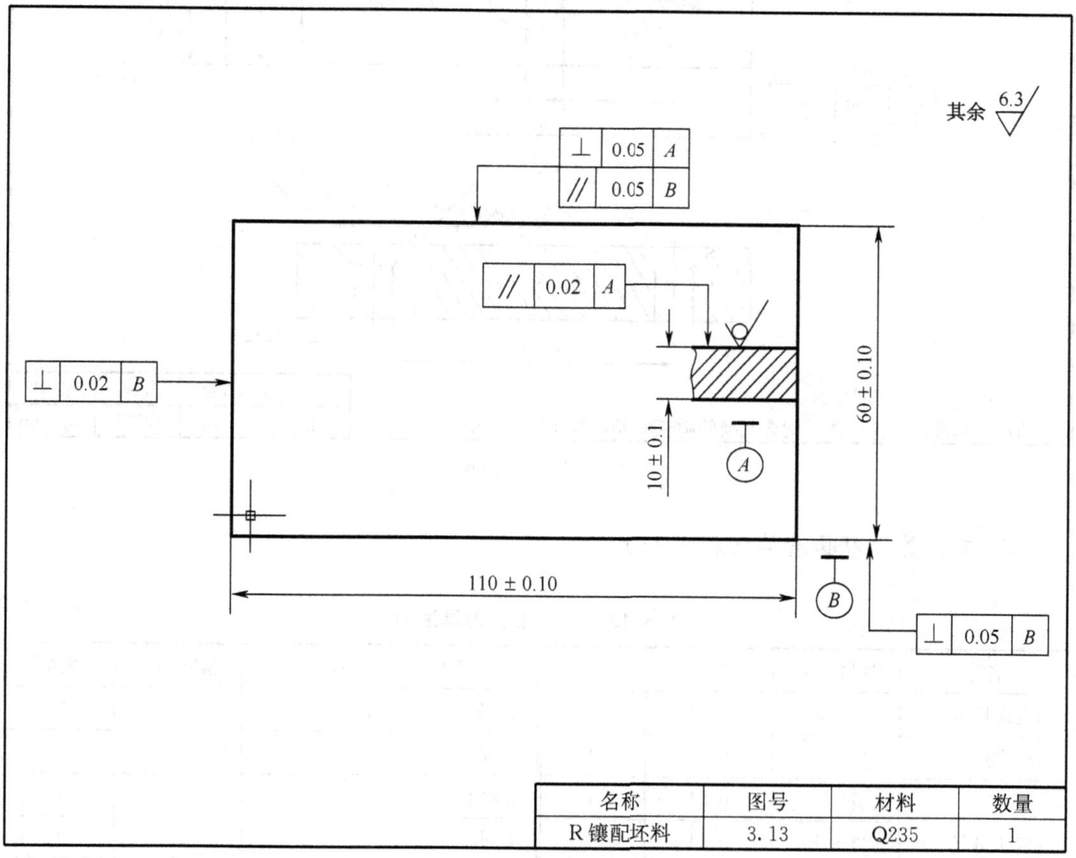

其余 6.3

⊥ 0.05 A
// 0.05 B
// 0.02 A
⊥ 0.02 B
⊥ 0.05 B
60 ± 0.10
10 ± 0.1
110 ± 0.10

名称	图号	材料	数量
R 镶配坯料	3.13	Q235	1

图 3.13　R 镶配坯料

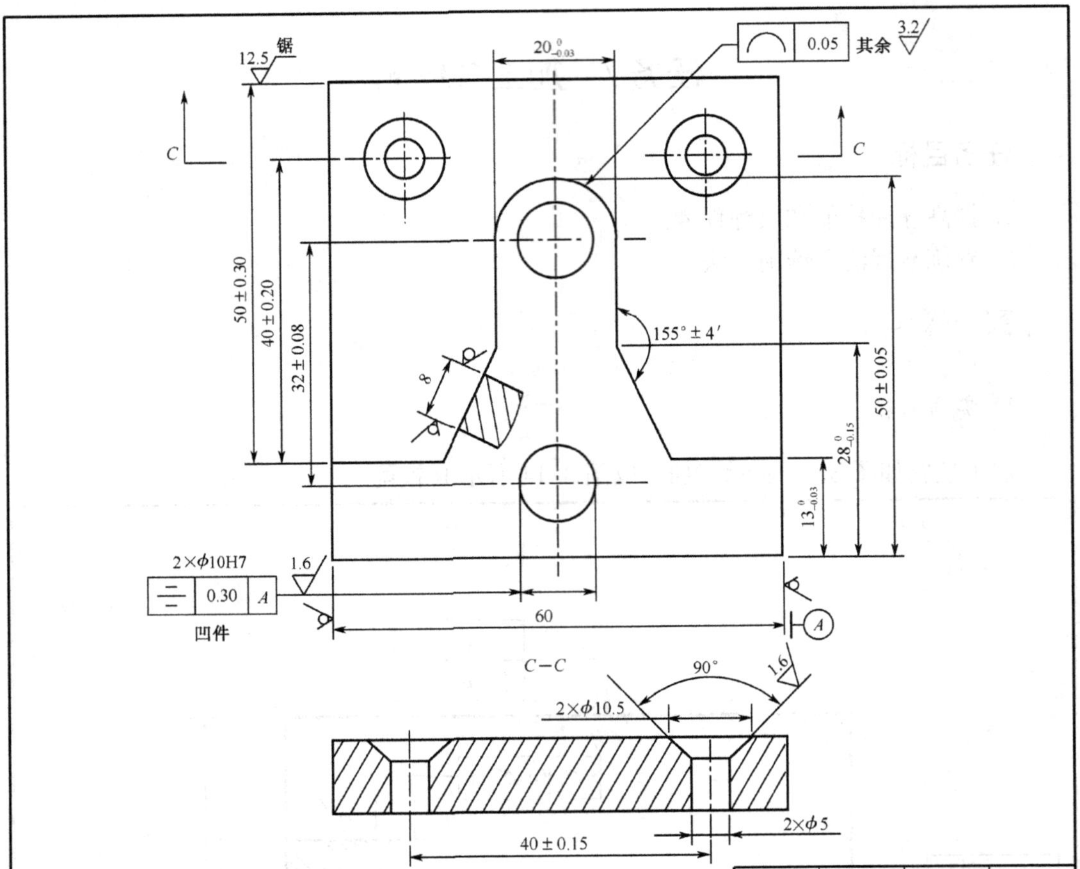

技术要求：

以凸件为基准，凹件配作，配合互换间隙≤0.05，两外侧错位量≤0.06。

名称	图号	材料	工时
R镶配	3.14	Q235	400min

图 3.14　R镶配

2. 工、量、刀具清单（表 3.13）

表 3.13　工、量、刀具清单

名称	规格/mm	精度/mm	数量	名称	规格/mm	精度/mm	数量
高度游标卡尺	0～300	0.02	1	锯 条			1
游标卡尺	0～150	0.02	1	锤 子			1
外径千分尺	0～25	0.01	1	狭錾子			1
	25～50	0.01	1	样 冲			1
	50～75	0.01	1	划 针			1
游标万能角度尺	0°～320°	2′	1	钢直尺	150		1
90°刀口角尺	100×63	0 级	1	粗扁锉	250		1
塞尺	0.02～1		1	中扁锉	200，150		各 1
塞规	ϕ10	H7	1	细扁锉	150		1

续表

名称	规格/mm	精度/mm	数量	名称	规格/mm	精度/mm	数量
麻花钻	ϕ4.7、ϕ9.8 ϕ10.5		各 1	粗三角锉	250		1
				细三角锉	150		1
直柄铰刀	ϕ10	H7	1	软钳口板			1 副
铰杠			1	锉刀刷			1
锯弓			1	毛 刷			1
粗半圆锉	150		1				
细半圆锉	150、100		各 1				
备注							

3. 操作工艺（表 3.14）

表 3.14 R 镶配加工工艺

工序	操作要点	示意图	测量说明
一	对照图 3.14 检查坯料尺寸		用游标卡尺测量，检查是否有明显缺陷，是否符合图 3.14 尺寸
二	加工一组直角边，达到图 3.14 要求，作为划线基准		用 0 级或 1 级直角尺进行测量，要测量两基准面的垂直度，还要测量两个基准面的侧垂度（⊥0.012mm）

续表

工序		操作要点	示意图	测量说明
三（凸件）	1	加工划线，锯割取料（60＋0.5）mm×（50＋0.5）mm	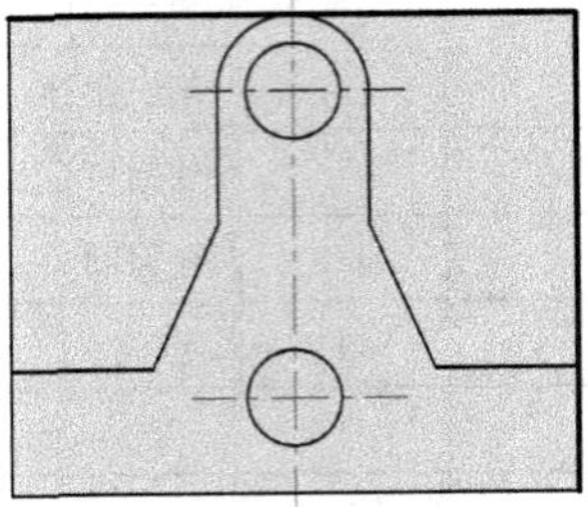	用高度游标卡尺和V形铁在平板上进行划线，划好线后进行检查，是否正确
	2	划线，钻、铰 ϕ10H7 孔	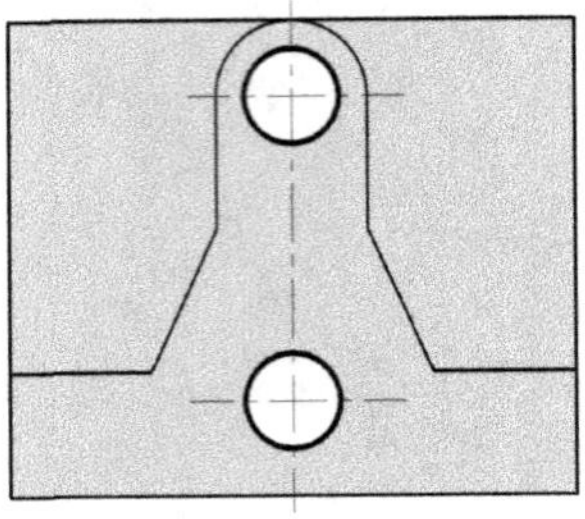	用 ϕ10H7 塞规检查孔的尺寸精度，用游标卡尺测量各孔位置精度
	3	锉削外形（60±0.05）mm×（50±0.05）mm，并锯割锉削左角，保证相关尺寸公差和倾斜角度	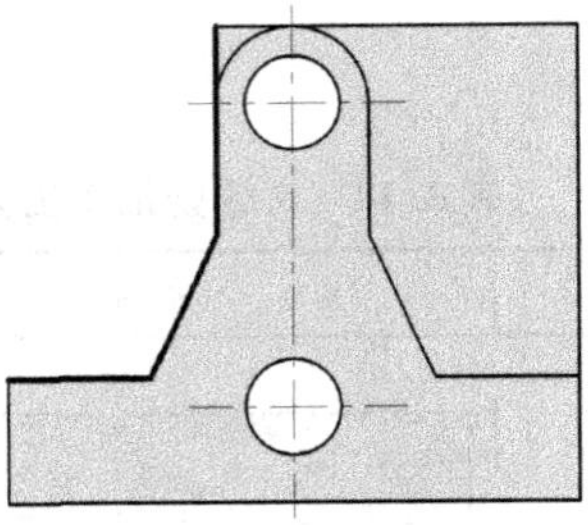	用游标卡尺测量，最后用外径千分尺精测，并用万能角度尺测量角度
	4	以左角端面为基准，进行锯割右角，并锉削相关平面，保证右角尺寸 $13_{-0.03}^{0}$ mm、$20_{-0.03}^{0}$ mm，并保证相关倾斜角度，达到图 3.12 要求	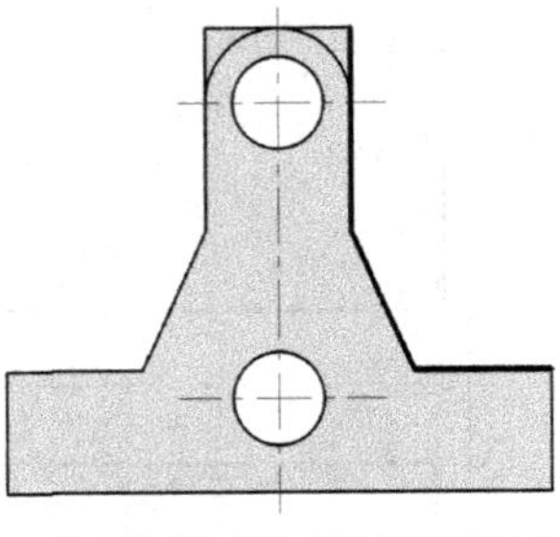	用游标卡尺测量，最后用外径千分尺精测量，并用万能角度尺进行测量角度 155°
	5	加工弧面，达到图 3.12 要求	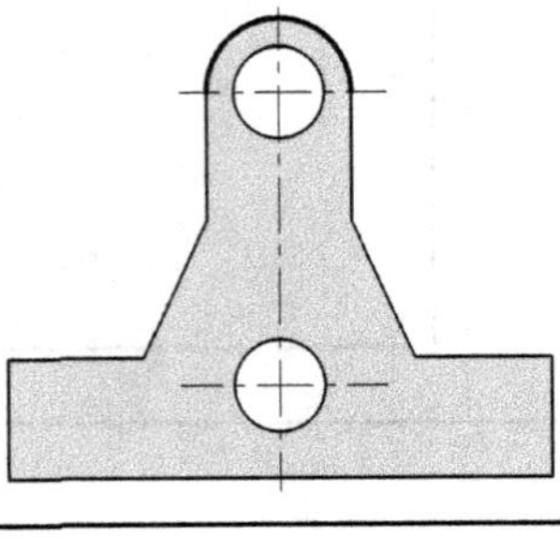	用弧度样板进行半径检验

续表

工序		操作要点	示意图	测量说明
三（凸件）	6	去毛刺，检查精度是否达到图 3.12要求		去毛刺要求：各锐边手摸上去光滑无刺感
四（凹件）	1	加工一组直角边，达到图 3.12要求，作为划线基准		用直角尺测量
	2	加工划线，锯割取料（60＋0.5）mm×（50＋0.5）mm		用角尺和游标卡尺检验测量测量
	3	划线，钻、铰 ϕ5 孔并用 ϕ10.5 钻头锪锥孔		用游标卡尺检验孔直径

续表

工序		操作要点	示意图	测量说明
四（凹件）	4	加工内凹槽，打排孔并用锯割落料，通过锉削进行加工，使各面达到相关精度要求，留0.05mm余量锉配		可用 $\phi 4$ 钻头打排孔，用游标卡尺测量
	5	加工左右两内侧面的倾斜部分，使之达到倾斜角度，留0.05mm余量锉配，并粗锉圆弧面		用游标卡尺、外径千分尺及万能角度尺综合测量
	6	加工内弧面，使之达到相关弧面半径要求。并结合凸件，进行凹件各配合面精修锉配，使之达到配合间隙		用弧度样板进行检验。并结合凸件检验加工表面，用塞尺检验配合间隙
五		按图3.12尺寸和要求，全面检查工件质量，并适当修正，然后打号上交		配合间隙测量用0.02～1规格的塞规

检测评分

<table>
<tr><th>项目</th><th>序号</th><th>考核要求</th><th>配分</th><th>评分标准</th><th>检测结果</th><th>得分</th></tr>
<tr><td rowspan="9">主要项目</td><td>1</td><td>$20_{-0.03}^{0}$mm</td><td>5</td><td>超差不得分</td><td></td><td></td></tr>
<tr><td>2</td><td>$30_{-0.03}^{0}$mm（2 处）</td><td>6</td><td>超差不得分</td><td></td><td></td></tr>
<tr><td>3</td><td>50±0.05mm</td><td>5</td><td>超差不得分</td><td></td><td></td></tr>
<tr><td>4</td><td>155°±4′（2 处）</td><td>5</td><td>每超差 2′扣一分超差 4′以上不得分</td><td></td><td></td></tr>
<tr><td>5</td><td>32±0.08mm</td><td>8</td><td>每超差 0.05 扣一分，超差 0.15 以上不得分</td><td></td><td></td></tr>
<tr><td>6</td><td>对称度公差 0.30</td><td>8</td><td>每超差 0.01 扣 1 分，超差 0.02 以上不得分</td><td></td><td></td></tr>
<tr><td>7</td><td>50±0.30mm</td><td>7</td><td>超差不得分</td><td></td><td></td></tr>
<tr><td>8</td><td>配配合间隙≤0.05（7 处）</td><td>21</td><td>每超差 0.01 扣 1 分，超差 0.02 以上不得分</td><td></td><td></td></tr>
<tr><td>9</td><td>配合错位量≤0.06</td><td>10</td><td>超差不得分</td><td></td><td></td></tr>
<tr><td rowspan="5">一般项目</td><td>10</td><td>线轮廓度 0.05</td><td>4</td><td>超差不得分</td><td></td><td></td></tr>
<tr><td>11</td><td>R_a≤3.2μm（15 处）</td><td>11</td><td>超差不得分</td><td></td><td></td></tr>
<tr><td>12</td><td>2×ϕ10H7</td><td>2</td><td>超差不得分</td><td></td><td></td></tr>
<tr><td>13</td><td>R_a1.6μm（2 处）</td><td>5</td><td>超差不得分</td><td></td><td></td></tr>
<tr><td>14</td><td>40±0.15mm</td><td>3</td><td>超差不得分</td><td></td><td></td></tr>
<tr><td>其他</td><td>15</td><td>安全文明生产</td><td colspan="3">违者视情节轻重扣 1～10 分</td><td></td></tr>
<tr><td>作业点评</td><td colspan="6"></td></tr>
</table>

<table>
<tr><td>姓名</td><td></td><td></td><td>日期</td><td></td><td>总分</td><td></td></tr>
</table>

任务 8　加工凸圆弧镶配

任务目标

1. 熟练掌握并巩固圆弧锉削技能。
2. 掌握圆弧锉配技能。

实训操作

1. 实训内容

实训坯料如图 3.15 所示，加工成图 3.16 所示凸圆弧镶配。

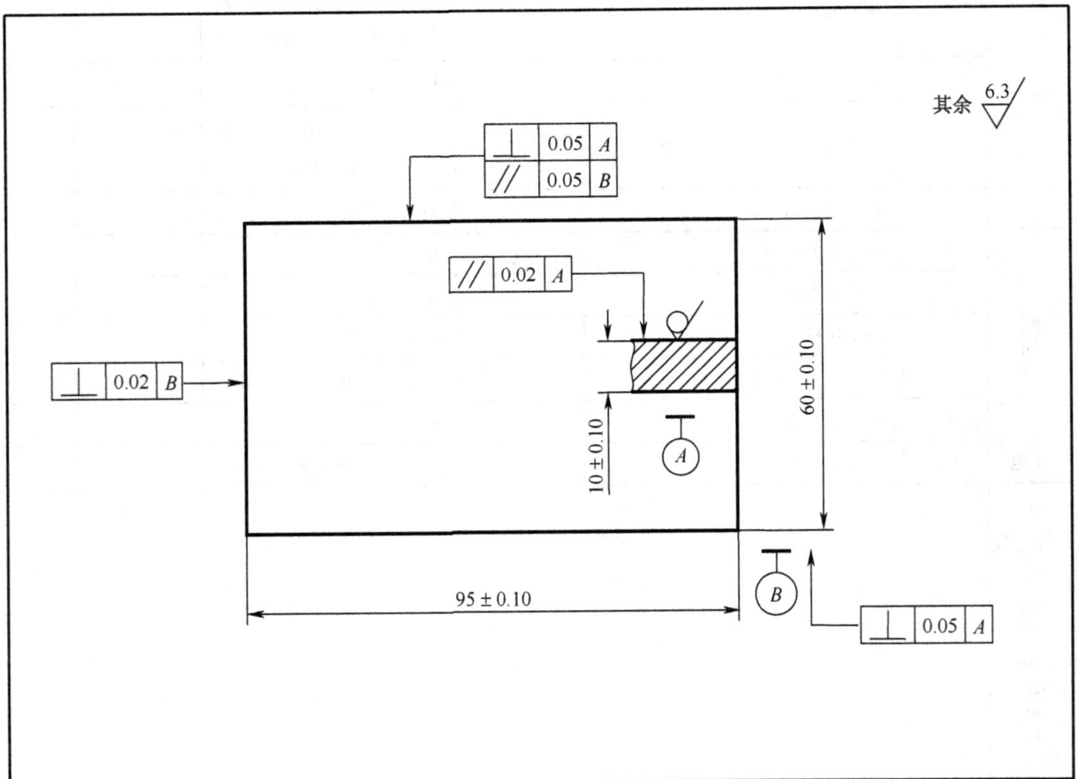

其余 6.3
⊥ 0.05 A
// 0.05 B
// 0.02 A
⊥ 0.02 B
⊥ 0.05 A
60±0.10
10±0.10
95±0.10
A
B

名称	图号	材料	数量
凸圆弧镶配坯料	3.15	Q235	1

图 3.15　凸圆弧镶配坯料

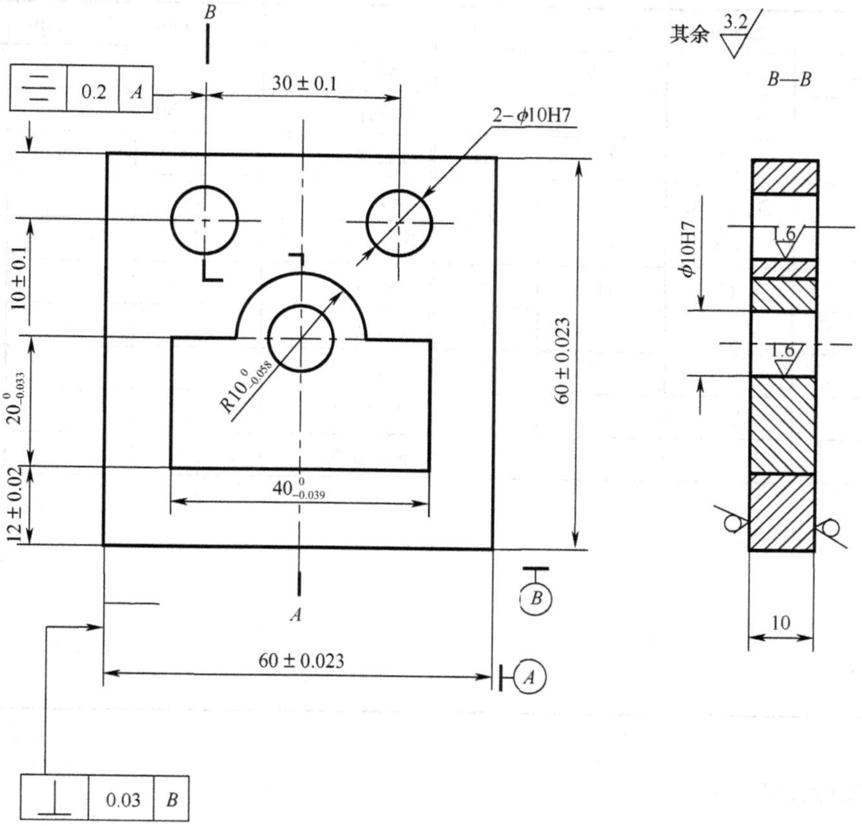

其余 3.2

B—B

B

0.2 A

30 ± 0.1

2-ϕ10H7

10 ± 0.1

$R10^{0}_{-0.058}$

$20^{0}_{-0.033}$

60 ± 0.023

12 ± 0.02

$40^{0}_{-0.039}$

ϕ10H7

1.6

1.6

A

B

10

60 ± 0.023

A

0.03 B

技术要求：

1. 锐边去毛刺；
2. 凹件按凸件配作。

名称	图号	材料	工时
凸圆弧镶配	3.16	Q235	330min

图 3.16　凸圆弧镶配

2. 工、量、刀具清单（表 3.15）

表 3.15　工、量、刀具清单

名称	规格/mm	精度/mm	数量	名称	规格/mm	精度/mm	数量
高度游标卡尺	0～300	0.02	1	锯 条			1
游标卡尺	0～150	0.02	1	锤 子			1
外径千分尺	0～25	0.01	1	狭錾子			1
	25～50	0.01	1	样 冲			1
	50～75	0.01	1	划 针			1

续表

名称	规格/mm	精度/mm	数量	名称	规格/mm	精度/mm	数量
90°刀口角尺	100×63	0级	1	粗扁锉	250		1
塞尺	0.02～1		1	中扁锉	200、150		各1
塞规	$\phi8$	H7	1	细扁锉	150		1
麻花钻	$\phi4$、$\phi4.8$、$\phi12$		各1	粗方锉	250		1
				细三角锉	150		1
直柄铰刀	$\phi8$	H7	1	软钳口板			1副
铰杠			1	锉刀刷			1
锯弓			1	毛刷			1
钢直尺	150		1	粗半圆锉	150		
				细半圆锉	150、100		
作业点评							

3. 操作工艺（表3.16）

表3.16　凸圆镶配加工工艺

工序	操作要点	示意图	测量说明
一	对照图3.14检查坯料尺寸		用游标卡尺测量，检查是否有明显缺陷，是否符合图纸尺寸
二	加工一组直角边，达到图3.14要求，作为划线基准，划线，锯割取料，锉削达到图纸相关尺寸精度要求（$40_{-0.039}^{0}$）mm×（$30_{-0.04}^{0}$）mm	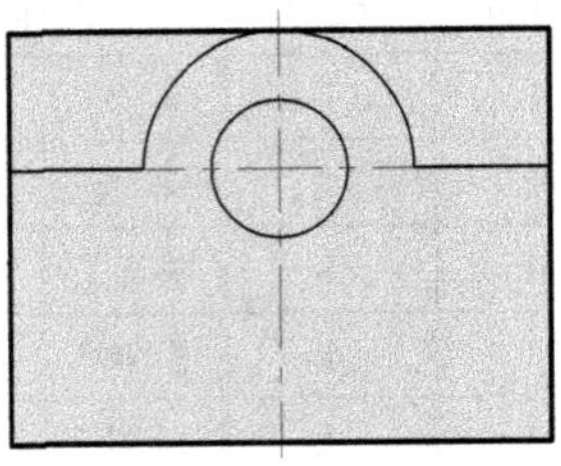	用直角尺测量两基准面的垂直度，两个基准面的侧垂度（⊥0.02mm）；用高度游标卡尺进行划线，划好线后进行检查，是否正确。用游标卡尺及千分尺进行检验

续表

工序		操作要点	示意图	测量说明
三（凸件）	1	划线，钻、铰 ϕ10H7 孔	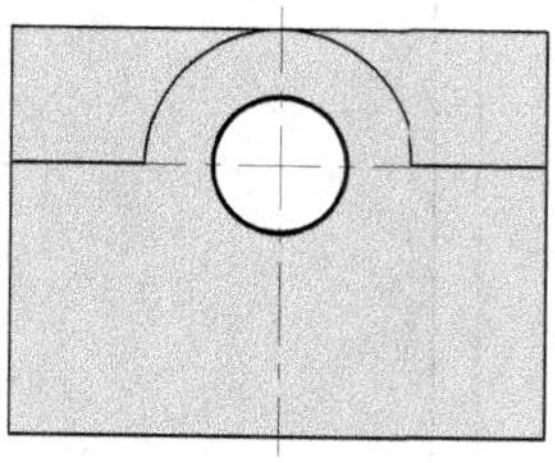	用 ϕ10H7 塞规检查孔的尺寸精度，用游标卡尺测量各孔位置精度
	2	根据圆弧轮廓钻排孔，锯割锉削左、右角 10mm×10 mm，用锉刀粗锉两台阶面，并粗锉圆弧面	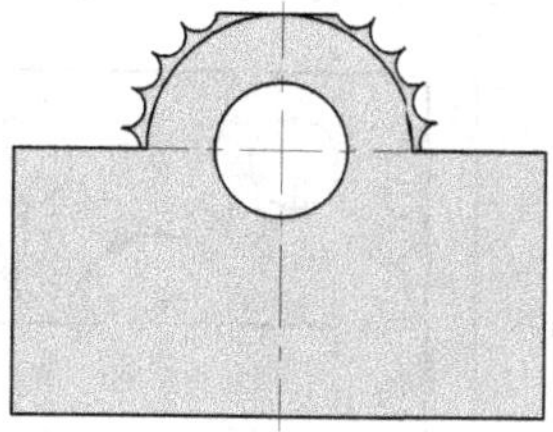	用游标卡尺测量台阶尺寸，用 R 规粗测圆弧面
	3	加工弧面，达到图 3.14 要求。保证相关面的尺寸公差	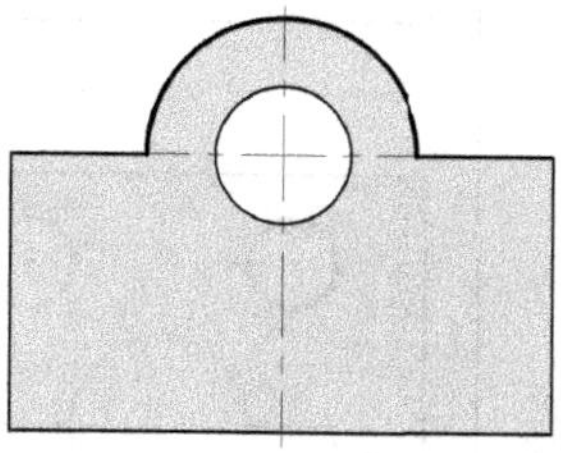	用弧度样板进行检验，保证半径为 $R10_{-0.058}^{\ 0}$mm
	4	精锉削左、右角 10mm ×10mm，保证相关面的尺寸公差	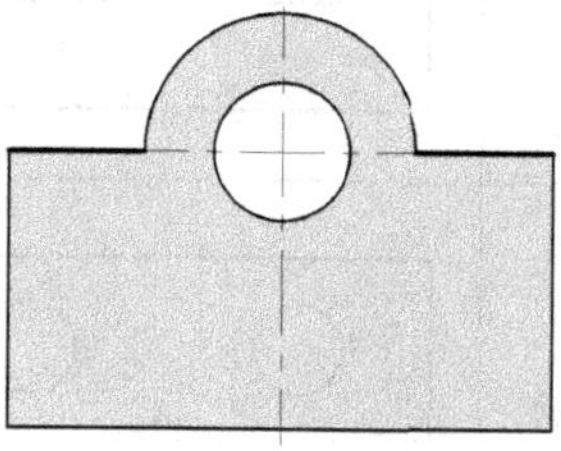	用游标卡尺测量，最后用外径千分精测两凸台 20±0.04 mm
	5	去毛刺，检查精度是否达到图 3.14要求	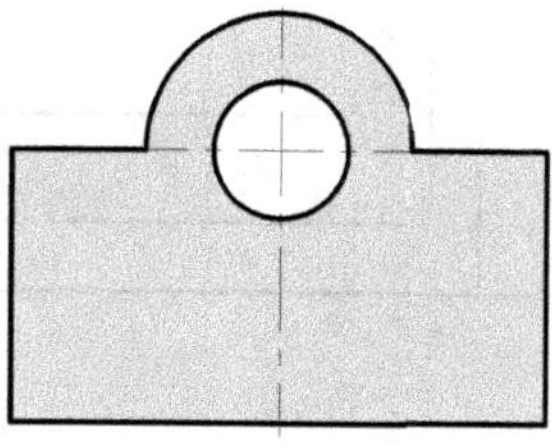	去毛刺要求：各锐边手摸上去光滑无刺感

续表

工序		操作要点	示意图	测量说明
四(凹件)	1	加工一组直角边，达到图 3.14 要求，作为划线基准		用角尺测量
	2	划线锯割，锉削 60×60，达到图 3.14 要求	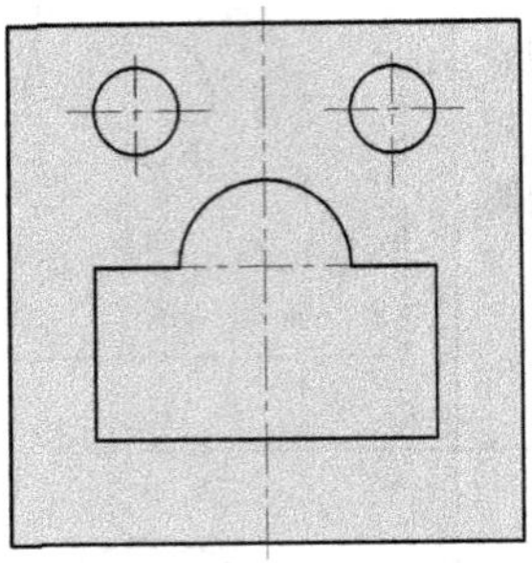	用角尺和游标卡尺、外径千分卡测量
	3	钻、铰 ϕ10H7 孔	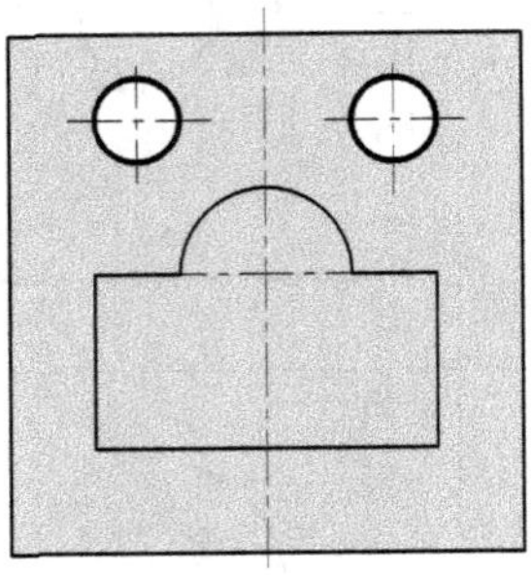	用 ϕ10H7 塞规检查孔的尺寸精度，用游标卡尺测量各孔位置精度
	4	划线排孔，进行内矩形面落料，同时粗锉各个平面，留 0.5mm 余量，然后精锉内矩形底面，保证 12±0.02mm	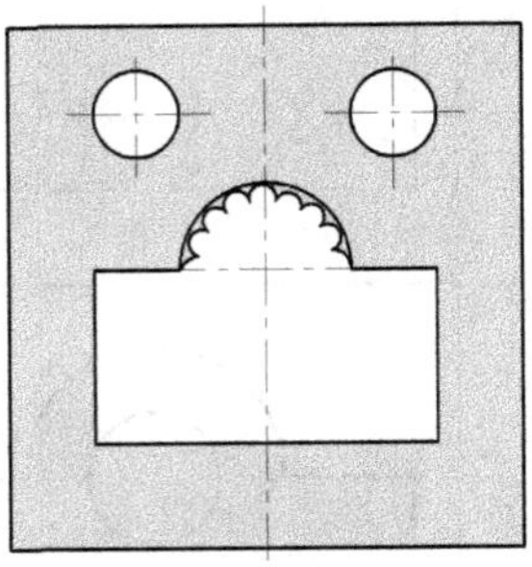	可用 ϕ4 钻头打排孔，用游标卡尺测量，并用千分尺测量 12±0.02mm

续表

工序		操作要点	示意图	测量说明
四（凹件）	5	结合中锉和什锦锉精锉内矩形右侧面，保证和底面垂直度，自身平面度，注意清角	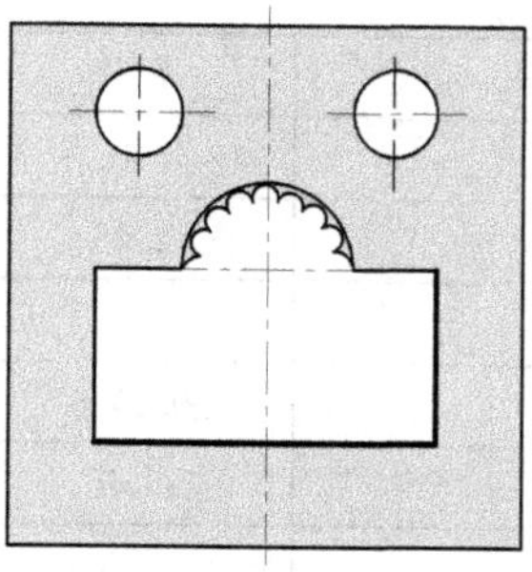	用游标卡尺、外径千分卡测量，用凸件试配直角部位
	6	左面精锉，达到相关尺寸要求，并用凸件相关配合面试配	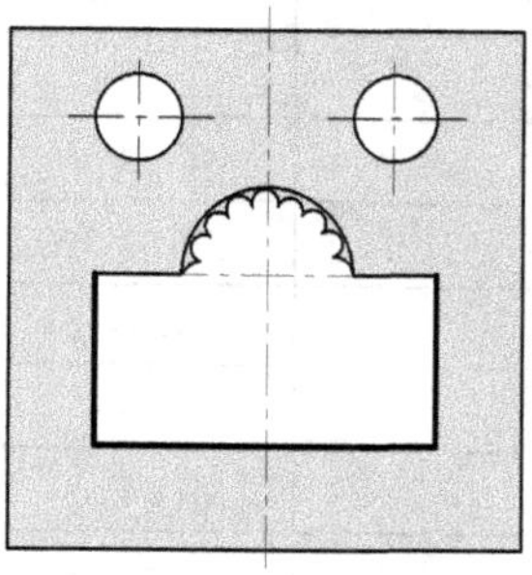	配合间隙测量用 0.02～1 规格的塞规检查，同时用塞尺进行试测量，检验间隙
	7	粗精锉削凹弧面和矩形顶面。用凸件进行试配，然后再精修锉削上下两对面，取凸件相关配合面试配是否成功	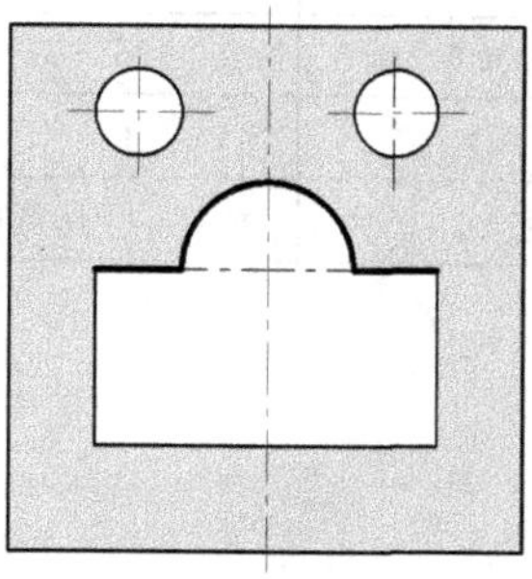	配合间隙测量用 0.02～1 规格的塞规检查，同时用塞尺进行试测量，检验间隙。圆弧面配合成功否是此配合件关键
五		按图 3.14 尺寸和要求，全面检查工件质量，并适当修正，然后打号上交	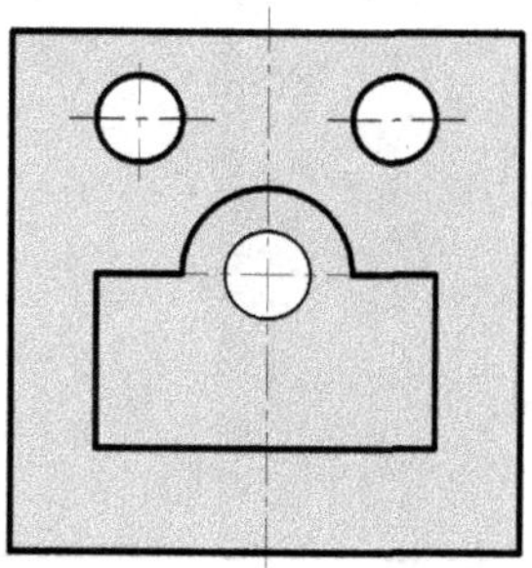	配合间隙测量用 0.02～1 规格的塞规

检测评分

项目	序号	考核要求	配分	评分标准	检测结果	得分
凸件	1	$40_{-0.039}^{0}$mm	6	超差不得分		
	2	$20_{-0.033}^{0}$mm（2处）	2×5	超差不得分		
	3	$R10_{-0.058}^{0}$	8	超差不得分		
	4	$R_a3.2$（6处）	0.5×6	超差不得分		
	5	$\phi10$H7	1.5	超差不得分		
	6	$R_a1.6$	1.5	超差不得分		
凹件	7	60±0.023mm（2处）	2×3	超差不得分		
	8	12±0.02mm（2处）	5	超差不得分		
	9	⊥ 0.03 B	3	超差不得分		
	10	$R_a\leqslant3.2$ （10处）	0.5×10	超差不得分		
	11	2－$\phi10$H7	1.5×2	超差不得分		
	12	10±0.1mm	3	超差不得分		
	13	30±0.1mm	5	超差不得分		
	14	⌯ 0.2 A	5	超差不得分		
	15	$R_a1.6$（2处）	1×2	超差不得分		
配合	16	平面间隙≤0.05（10面）	25	超差不得分		
	17	曲面间隙≤0.08（2面）	8	超差不得分		
其他	18	安全文明生产	违者视情节轻重扣1～10分			
作业点评						
姓名		日期		总分		

任务 9　加工六角配

任务目标

掌握六角形体锉配方法，达到配合旋转精度要求。

实训操作

1. 实训内容

实训坯料如图 3.17 所示，加工成图 3.18 所示六角配。

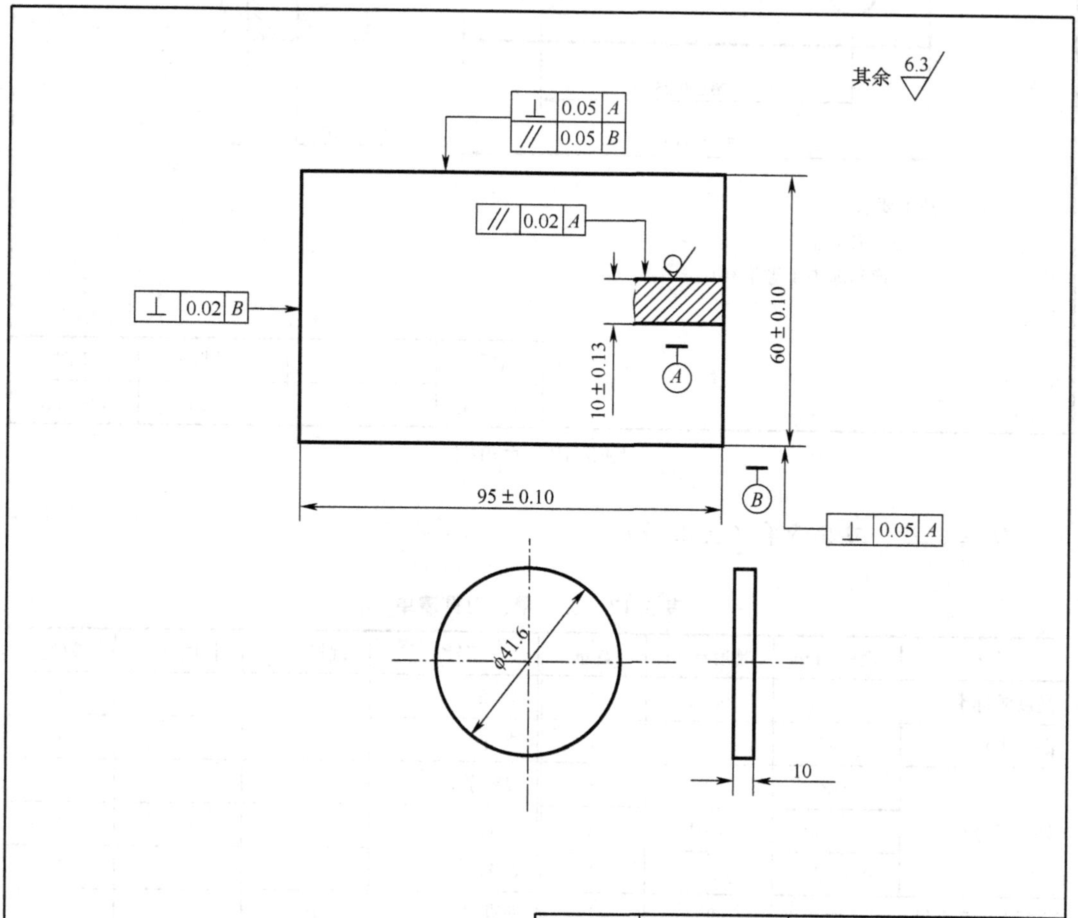

名称	图号	材料	数量
六角配坯料	3.17	Q235	1

图 3.17　六角配坯料

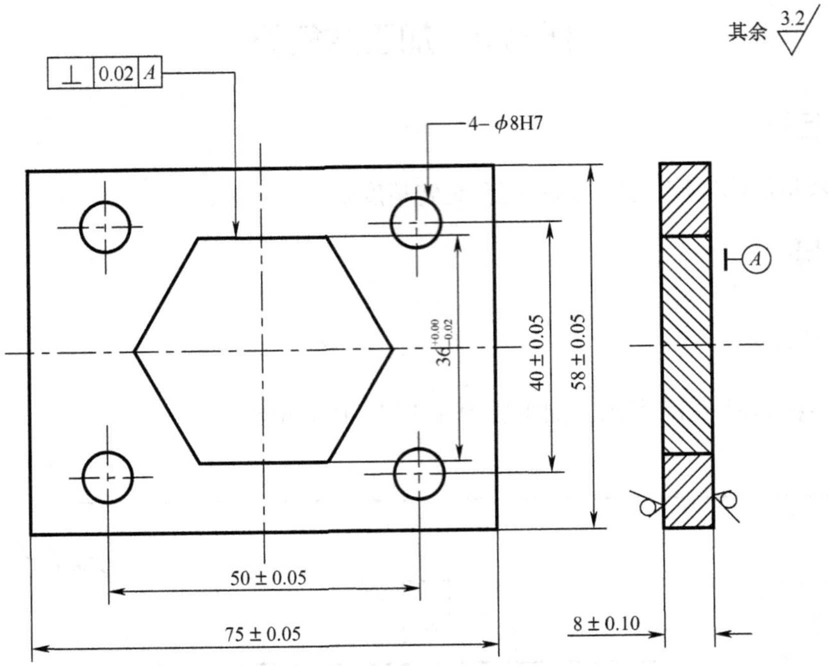

其余 3.2

⊥ 0.02 A

4-φ8H7

$36^{+0.00}_{-0.02}$

40±0.05

58±0.05

50±0.05

75±0.05

8±0.10

技术要求：

1. 各边去毛刺；
2. 互换间隙小于等于 0.05mm。

名称	图号	材料	工时
六角配	3.18	Q235	360min

图 3.18 六角配

2. 工、量、刃具清单（表 3.17）

表 3.17 工、量、刃具清单

名称	规格/mm	精度/mm	数量	名称	规格/mm	精度/mm	数量
高度游标卡尺	0～300	0.02	1	锯 条			1
游标卡尺	0～150	0.02	1	锤 子			1
外径千分尺	0～25	0.01	1	狭錾子			1
	25～50	0.01	1	样 冲			1
	50～75	0.01	1	划 针			1
游标万能角度尺	0°～320°	2′	1	钢直尺	150		1
90°刀口角尺	100×63	0 级	1	粗扁锉	250		1
塞尺	0.02～1		1	中扁锉	200，150		各 1

续表

名称	规格/mm	精度/mm	数量	名称	规格/mm	精度/mm	数量
塞规	$\phi8$	H7	1	细扁锉	150		1
麻花钻	$\phi4$、$\phi4.7$、$\phi12$		各 1	粗三角锉	250		1
				细三角锉	150		1
直柄铰刀	$\phi8$	H7	1	软钳口板			1 副
铰杠			1	锉刀刷			1
锯弓			1	毛 刷			1
备注							

3. 操作工艺（表 3.18）

表 3.18 六角配加工工艺

工序		操作要点	示意图	测量说明
一		对照图 3.18 检查坯料尺寸		用游标卡尺测量，检查是否有明显缺陷，是否符合图 3.18 尺寸
二（凸件）	1	加工划线 $\phi41.6$ 内接六边形		用高度游标卡尺和 V 形铁在平板上进行划线，划好线后进行检查，是否正确。并用游标卡尺进行检验

续表

工序		操作要点	示意图	测量说明
二（凸件）	2	锯割取料其中一边	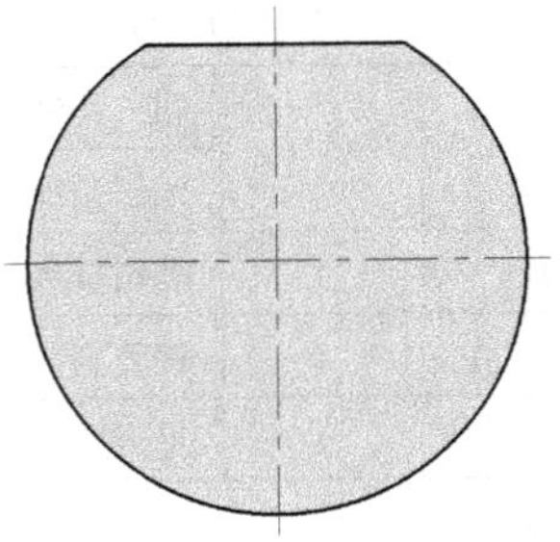	用游标卡尺测量，并用刀口尺检验平面度
	3	锉削内接六边形另一对应面，达到尺寸 $36_{-0.02}^{0}$mm	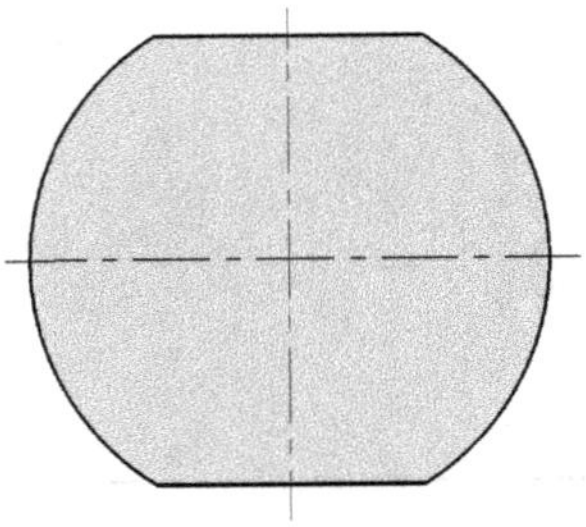	用游标卡尺测量，最后用外径千分精测
	4	同时加工内接六边形左侧两面，达到角度120°并保证两相交面的交点在中心线位置保证对称	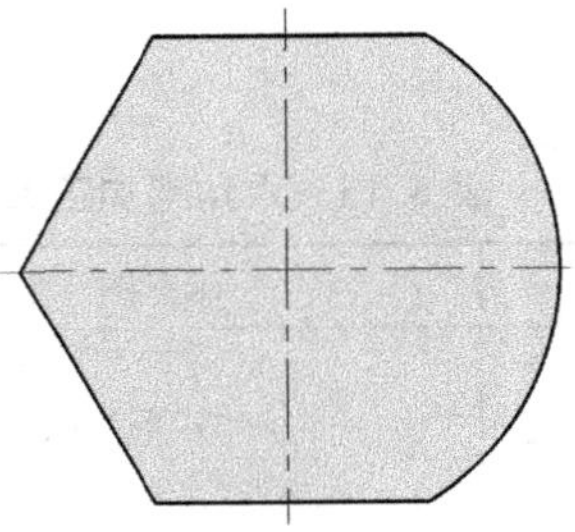	用万用角度尺测量角度120°，保证三个角度都是120°，同时用游标卡尺测量两两相交线间距离是否相等，以确保对称性
	5	以上步所加工两个面为基准，进行锯割锉削平面，两对面同时达到 $36_{-0.02}^{0}$mm。保证角度为120°，去毛刺，检查精度是否达到图3.18要求	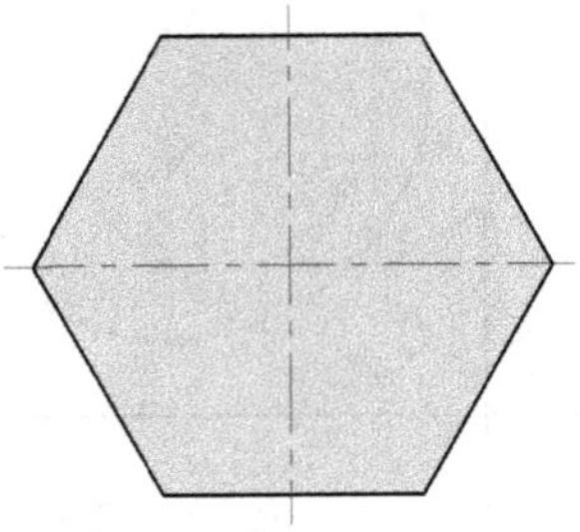	用万能角度尺进行测量，并用游标卡尺测量 $36_{-0.02}^{0}$mm 尺寸。去毛刺要求：各锐边手摸上去光滑无刺感
三（凹件）	1	检查坯料尺寸，对照图3.18分析。划线锯割，锉削75×58mm，达到图3.18相关尺寸精度要求		用直角尺和游标卡尺、外径千分卡测量

续表

工序		操作要点	示意图	测量说明
三（凹件）	2	划线，交点处用样冲打上样冲眼	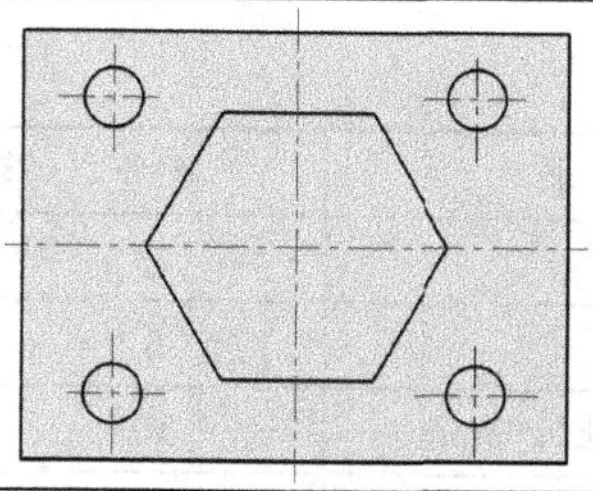	用高度游标卡尺和V形铁在平板上进行划线，划好线后进行检查，是否正确。并用游标卡尺进行检验
	3	钻、铰 ϕ8H7孔	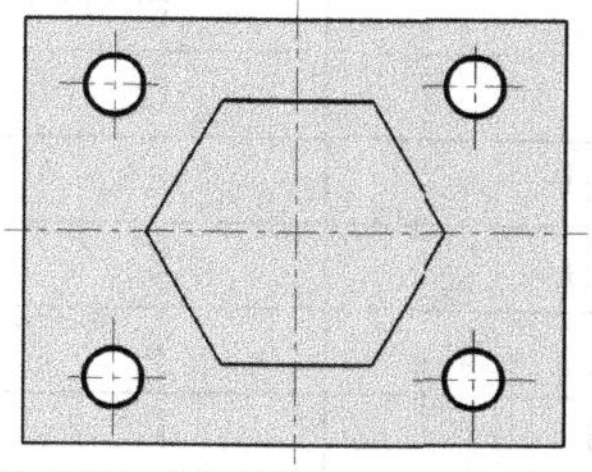	用 ϕ8H7 塞规进行检验
	4	排孔，取下内凹块，通过锉削进行初加工，使各面都留0.20mm左右的余量。然后锉底面，保证平面度和侧面垂直度	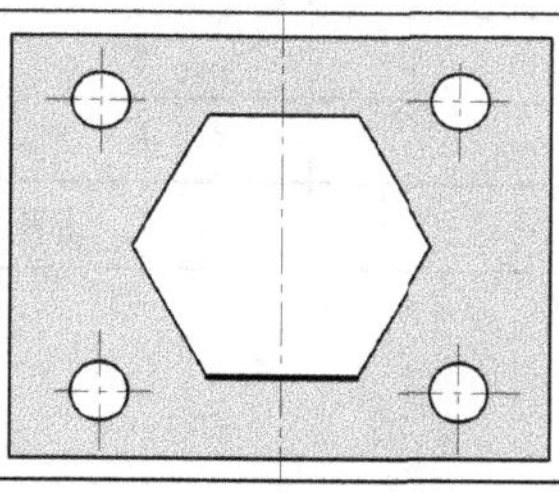	可用 ϕ4 钻头打排孔，用游标卡尺和直角尺进行检验
	5	锉配顶面，和底面尺寸达到 $36_{-0.02}^{0}$mm，锉各面，并用凸件进行试配	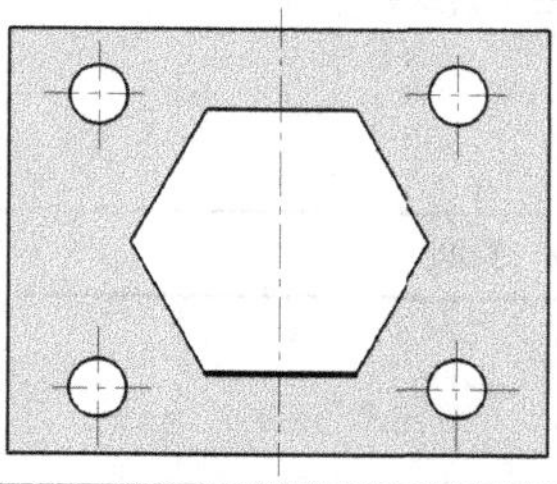	用游标卡尺测量 $36_{-0.02}^{0}$，用凸件试配相关加工面
	6	加工右侧两相交面，使右侧两面度为120°±2′，并且确保和已经加工的两个面夹角也为120°±2′，保证两个面的对称度。在此基础上进行试配凸件，确保配合间隙	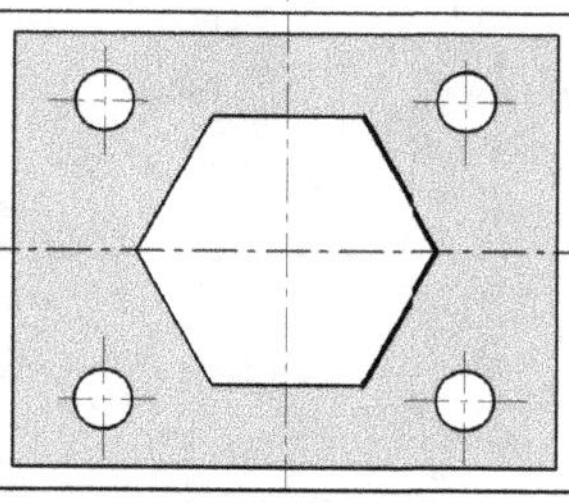	用凸件试配，塞尺进行间隙检验
四		按图3.18尺寸和要求，全面检查工件质量，并适当修正，然后打号上交。	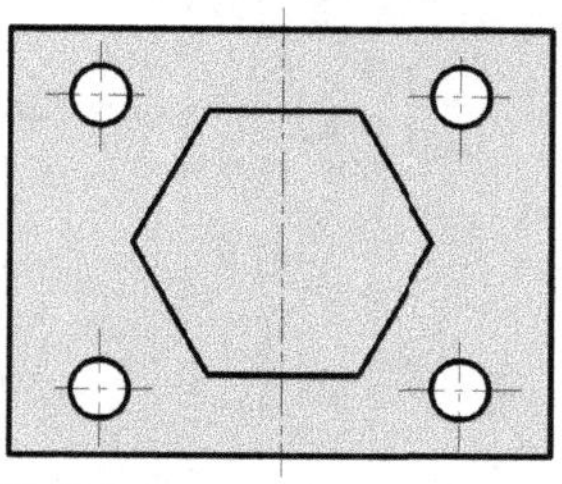	配合间隙测量用0.02～1规格的塞规

检测评分

项目	序号	考核要求	配分	评分标准	检测结果	得分
	1	$36_{-0.02}^{0}$ mm	18	超差不得分		
	2	垂直度 0.02	6	超差不得分		
	3	75±0.05mm、58±0.05mm	10	超差不得分		
	4	120°±2′	12	超差不得分		
	5	ϕ8H7（4处）	12	超差不得分		
	6	50±0.05mm（2处）	5	超差不得分		
	7	40±0.05mm（2处）	5	超差不得分		
	8	R_a≤3.2μm（6处）	6	超差不得分		
	9	间隙≤0.05（6处）	12	超差不得分		
	10	内外六方 R_a3.2	6	超差不得分		
	11	六位互换	8	超差不得分		
其他	12	安全文明	违者视情节轻重扣1～10分			
作业点评						

姓名		日期		总分	

任务 10 加工五方配件

任务目标

1. 掌握较高精度的转位锉配方法。
2. 提高锉削和钻孔技能。

实训操作

1. 实训内容

实训坯料如图 3.19 所示，加工成图 3.20 所示五方配件。

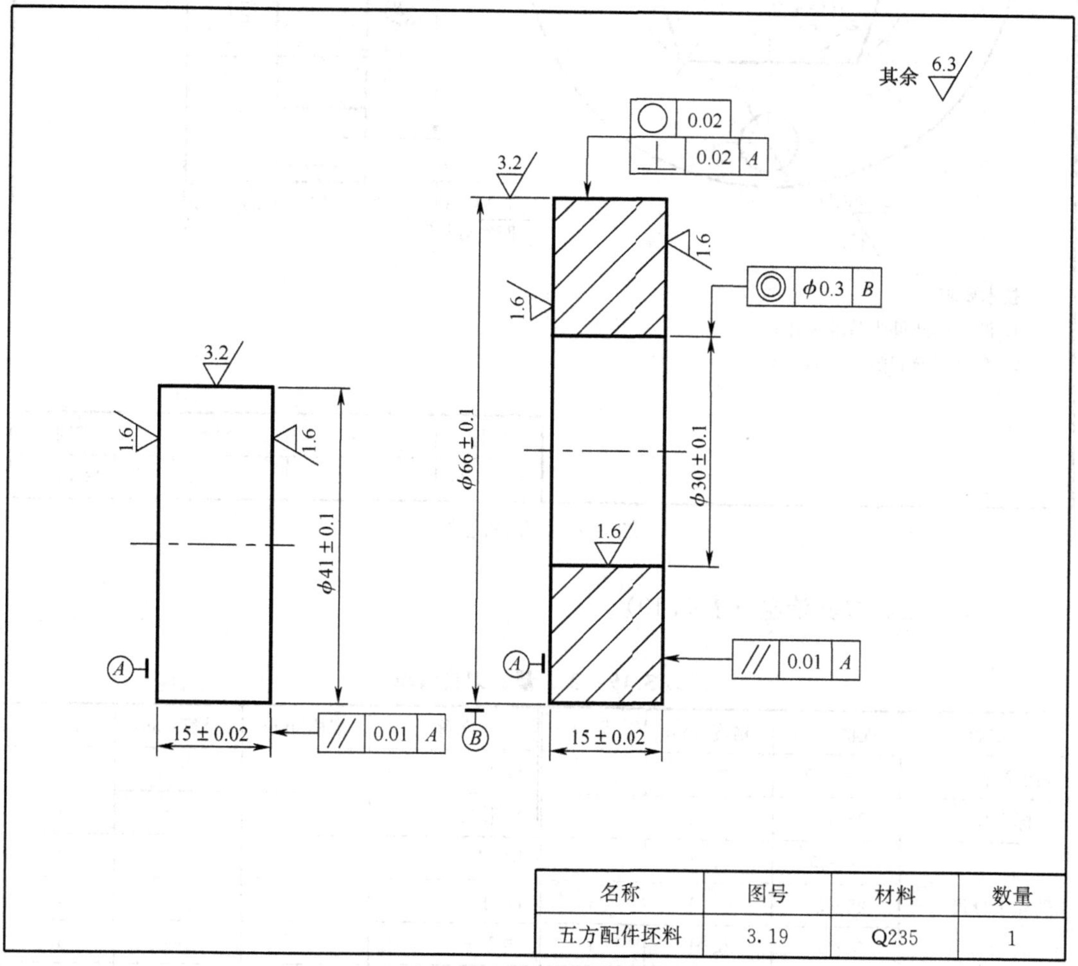

名称	图号	材料	数量
五方配件坯料	3.19	Q235	1

图 3.19 五方配件坯料

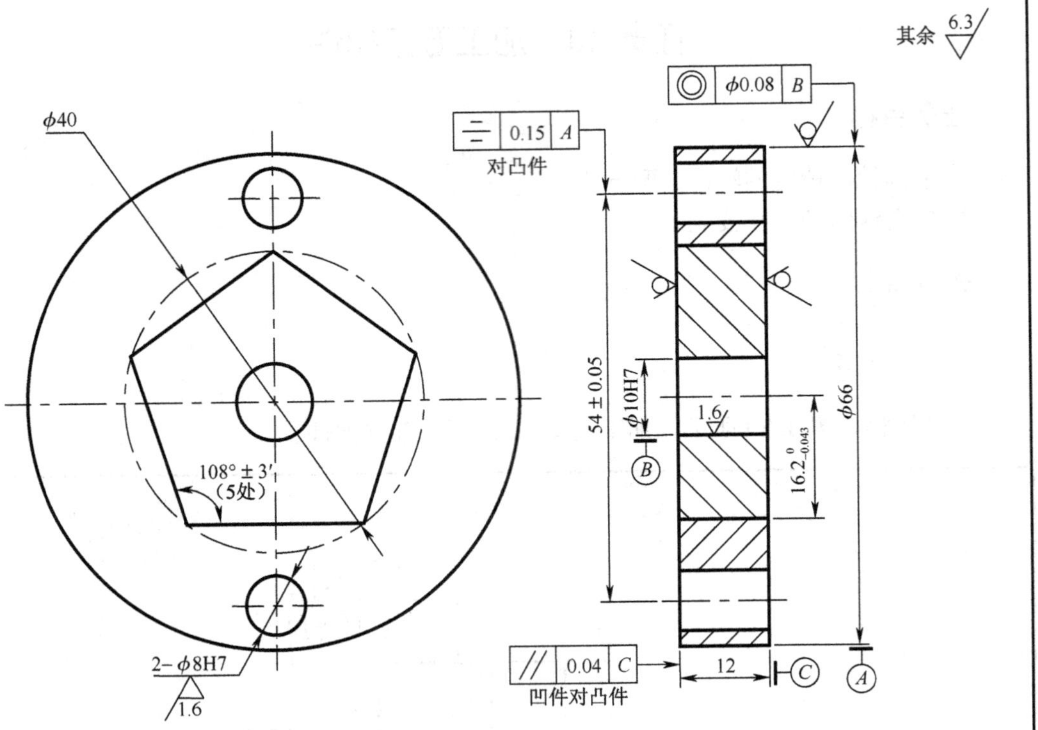

其余 6.3

对凸件

凹件对凸件

技术要求：

1. 凹件以凸件为基准配作；
2. 配合互换间隙≤0.04mm。

名称	图号	材料	工时
五方配件	3.20	Q235	330min

图 3.20　五方配件

2. 工、量、刀具清单（表 3.19）

表 3.19　工、量、刀具清单

名称	规格/mm	精度/mm	数量	名称	规格/mm	精度/mm	数量
高度游标卡尺	0～300	0.02	1	铰 杠			1
游标卡尺	0～150	0.02	1	V 形铁			1
外径千分尺	0～25	0.01	1	锯 弓			1
	25～50	0.01	1	锤 子			1
	50～75	0.01	1	狭錾子			1
万能角度尺	0～320°	2′	1	样 冲			1
90°刀口角尺	100×63	0 级	1	划 针			1

续表

名称	规格/mm	精度/mm	数量	名称	规格/mm	精度/mm	数量
正弦规	100×80	1 级	1	钢直尺	150		1
量块	38 块	1 级	1	粗扁锉	250		1
杠杆百分表	0～0.8	0.01	1	中扁锉	200、150		各 1
表架			1	细扁锉	150		1
塞尺	0.02～1		1	粗三角锉	250		1
塞规	ϕ8	H7	1	细三角锉	150		1
	ϕ10	H7	1	什锦锉			1 套
芯棒	ϕ10×120		1	软钳口板			1 副
麻花钻	ϕ4、ϕ7.8、ϕ9.8、ϕ12		各 1	锉刀刷			1
直柄铰刀	ϕ8，ϕ10	H7	1	毛 刷			1
备注							

3. 操作工艺（表 3.20）

表 3.20　五方配件加工工艺

工序	操作要点	示意图	测量说明
一	对照图 3.20 检查坯料尺寸		用游标卡尺测量，检查是否有明显缺陷，是否符合图纸尺寸
二	备料加工工件外形尺寸，凸件尺寸 15±0.02mm，ϕ41±0.1 mm；凹件尺寸 15±0.02mm，ϕ66±0.1 mm，ϕ30±0.1 mm 作为划线基准		用千分尺测量，各尺寸是否符合图 3.20尺寸；用 0 级或 1 级直角尺进行测量，要测量各面的垂直度（⊥0.02mm），平行度（//0.01mm）

续表

工序		操作要点	示意图	测量说明
三（凸件）	1	划出凸件中心线和各尺寸线		用高度游标卡尺和V形铁在平板上进行划线，划好线后进行检查，是否正确
	2	钻、铰 ϕ10H7 中心孔		用 ϕ10H7 塞规检查孔的尺寸精度，用游标卡尺测量孔的位置精度
	3	锯割去除五方外形的余料，并粗锉接近尺寸线；细锉，以孔为中心加工五方，达到图样要求		用游标卡尺测量；用游标卡尺测量，保证孔边距；用万能角度尺或108°角度样板进行测量角度
	4	去毛刺，检查精度是否达到图3.20要求		去毛刺要求：各锐边手摸上去光滑无刺感
四（凹件）	1	用坐标法划出凹件各加工线和孔位置线		用高度游标卡尺和V形铁在平板上进行划线，划好线后进行检查，是否正确

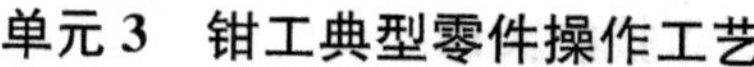

续表

工序		操作要点	示意图	测量说明
四（凹件）	2	锯割，粗锉接近尺寸线；细锉，以凸件为基准锉配凹件，注意清角，达到配合要求	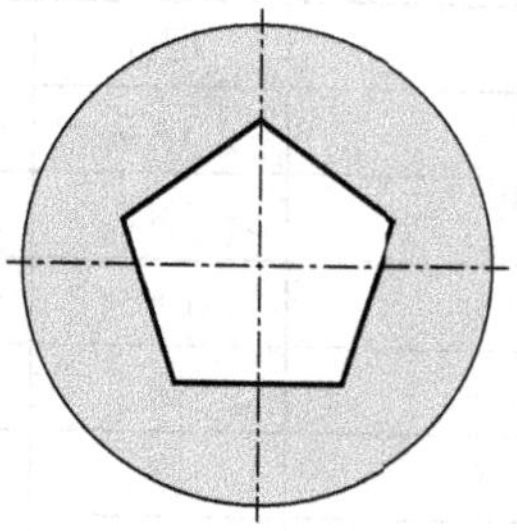	用游标卡尺测量；以凸件为基准来检测，注意清角
	3	钻、铰 ϕ8H7 两孔	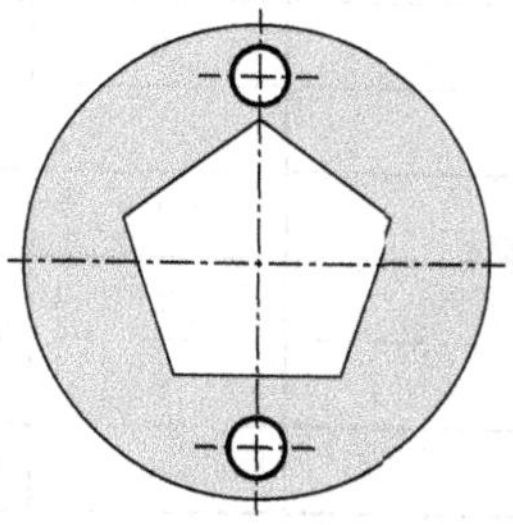	用 ϕ8H7 塞规检查孔的尺寸精度，用游标卡尺测量孔中心距的位置精度
	4	去毛刺，检查精度是否达到图 3.20要求	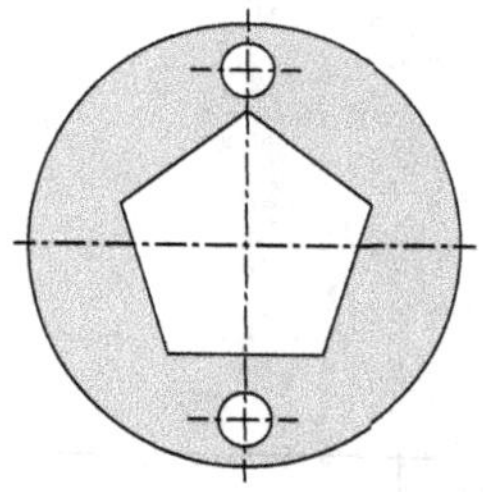	去毛刺要求：各锐边手摸上去光滑无刺感
五		根据凸件锉配凹件，直到五个配合面配合精度达到图 3.20 要求为止，并按图纸尺寸和要求，全面检查工件质量，适当修正，然后打号上交	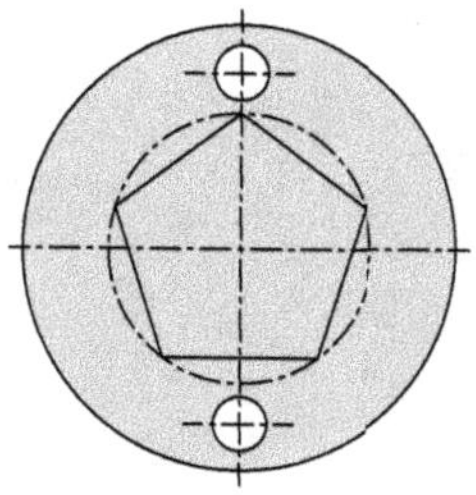	配合间隙测量用 0.02～1 规格的塞尺（配合互换间隙≤0.04mm）

检测评分

项目	序号	考核要求	配分	评分标准	检测结果	得分
凸件	1	108°±3′mm（5处）	3×5	超差1处扣3分		
	2	$16.2_{-0.04}^{0}$mm（5处）	3×5	超差1处扣3分		
	3	$R_a3.2\mu m$（5处）	1×5	超差1处扣1分		
	4	ϕ10H7	2	超差全扣		
	5	$R_a1.6\mu m$	2	超差全扣		
凹件	6	$R_a3.2\mu m$（5处）	1×5	超差1处扣1分		
	7	2－ϕ8H7	2×2	超差1处扣2分		
	8	15±0.1mm	6	超差全扣		
	9	⌯ 0.15 A	5	超差全扣		
	10	$R_a1.6\mu m$（2处）	2×2	超差1处扣2分		
配合	11	间隙≤0.04（25面）	25	超差1处扣1分		
	12	// 0.04 C	4	超差全扣		
	13	◎ ϕ0.08 B	8	超差全扣		
其他	14	安全文明生产	违者视情节轻重扣1～10分			
作业点评						
姓名		日期		总分		

任务 11　加工方孔圆柱

任务目标

1. 掌握加工方孔的锉削方法。
2. 提高锉削和钻孔技能。
3. 熟练掌握清角锉削方法。

实训操作

1. 实训内容

加工坯料如图 3.21 所示，加工成图 3.22 所示方孔圆柱。

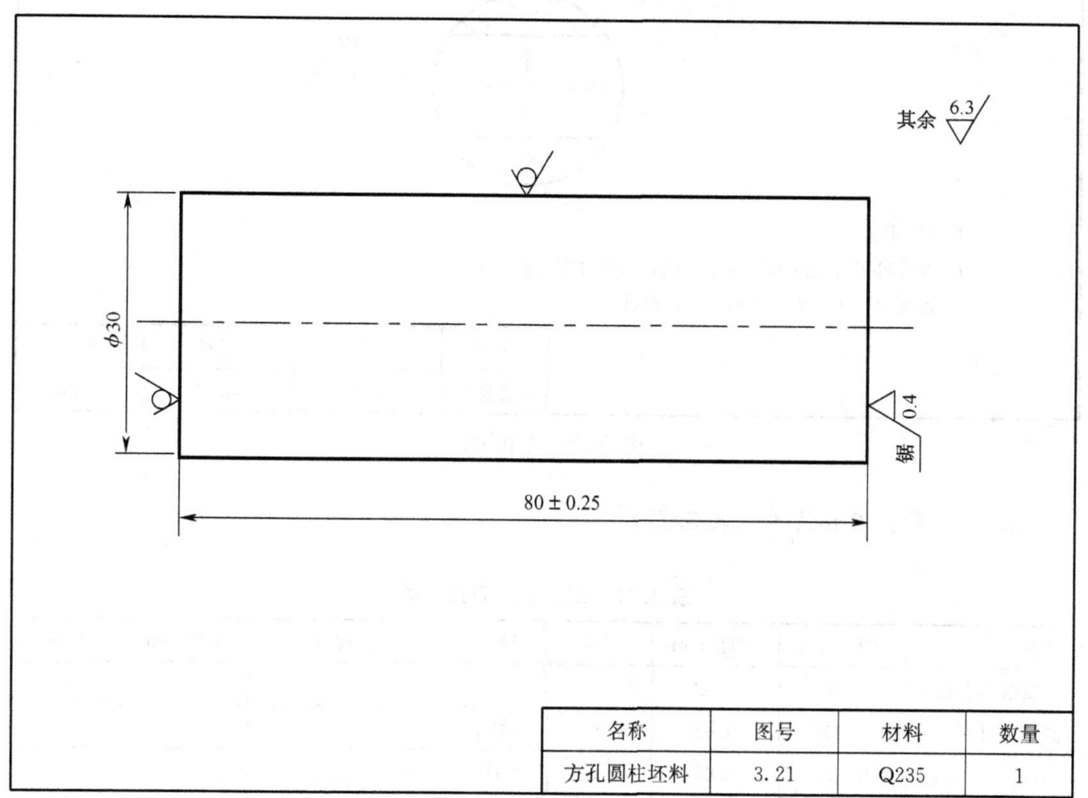

名称	图号	材料	数量
方孔圆柱坯料	3.21	Q235	1

图 3.21　方孔圆柱坯料

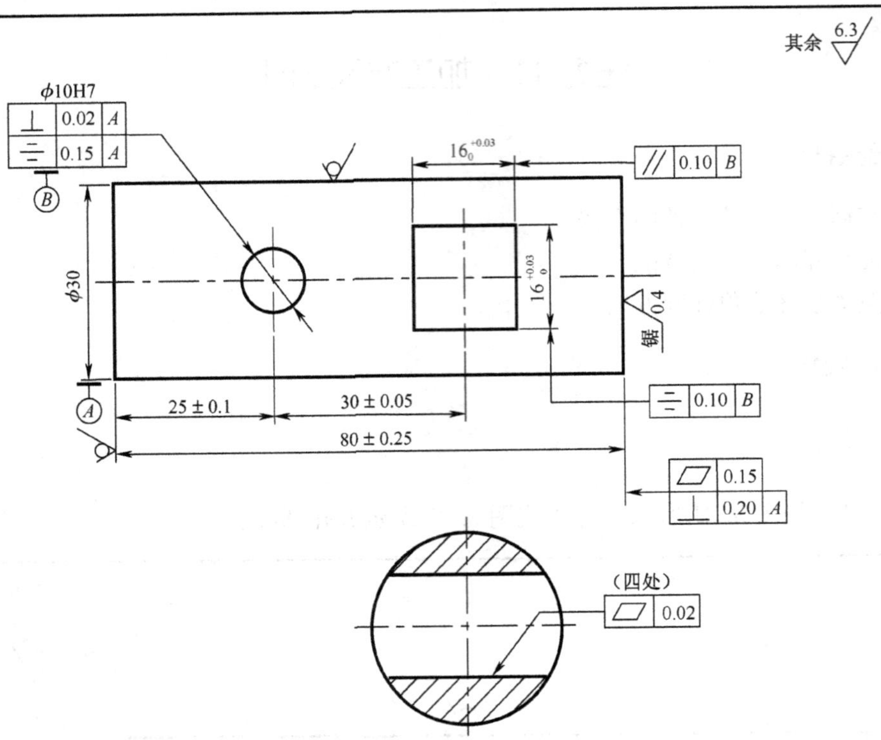

技术要求：

1. 方孔可用自制的方规自测，相邻面垂直度误差≤0.02；
2. 锯削面一次完成，不得反接、修锉。

名称	图号	材料	工时
方孔圆柱	3.22	Q235	330min

图 3.22　方孔圆柱

2. 工、量、刀具清单（表 3.21）

表 3.21　工、量、刀具清单

名称	规格/mm	精度/mm	数量	名称	规格/mm	精度/mm	数量
高度游标卡尺	0～300	0.02	1	锤 子			1
游标卡尺	0～150	0.02	1	狭錾子			1
外径千分尺	0～25	0.01	1	样 冲			1
	25～50	0.01	1	划 针			1
	50～75	0.01	1	钢直尺	0～150		1
90°刀口角尺	100×63	0 级	1	粗扁锉	250		1
V 形铁			1	中扁锉	200，150		各 1
塞规	ϕ10	H7	1	细扁锉	150		1

续表

名称	规格/mm	精度/mm	数量	名称	规格/mm	精度/mm	数量
麻花钻	ϕ4、 ϕ9.8、 ϕ15.7		各 1	粗方角锉	250		1
				细方角锉	150		1
				什锦锉			1 套
直柄铰刀	ϕ10	H7	1	软钳口板			1 副
铰杠			1	锉刀刷			1
锯弓			1	毛 刷			1
锯条			1				
备注							

3. 操作工艺（表 3.22）

表 3.22　方孔圆柱加工工艺

工序		操作要点	示意图	测量说明
一		对照图 3.22 检查坯料尺寸		用游标卡尺测量，检查是否有明显缺陷，是否符合图 3.22 尺寸
二		加工圆柱两端面，达到图 3.22 要求，作为划线基准		用 0 级或 1 级直角尺进行测量，要求测量两端面的垂直度（⊥0.2mm），平面度（▭ 0.15mm）
三	1	划出圆孔位置的中心线和方孔的加工线		用高度游标卡尺和 V 形铁在平板上进行划线，划好线后进行检查，是否正确
	2	加工两孔，先用 ϕ4 钻头钻两孔；然后用 ϕ9.8 钻头扩 ϕ10 的孔，用 ϕ15.7 钻头扩方孔，去除余料；最后用 ϕ10H7 铰刀铰 ϕ10 孔		用 ϕ10H7 塞规检查 ϕ10 孔的尺寸精度，用游标卡尺测量孔到端面的尺寸精度

续表

工序		操作要点	示意图	测量说明
三	3	加工方孔，用方锉粗锉接近尺寸线，最后细锉方孔，保证尺寸 30±0.05mm，$16^{+0.03}_{0}$mm 达到图 3.22 要求		用游标卡尺测量两孔之间的中心距，用自制的方规测量方孔尺寸精度和相邻面垂直度
	4	去毛刺，检查精度是否达到图 3.22要求，然后打号上交		用游标卡尺和塞规测量检查

检测评分

项目	序号	考 核 要 求	配分	评 分 标 准	检测结果	得分
主要项目	1	$16^{+0.03}_{0}$mm	16	超差全扣		
	2	30±0.05mm	7	超差全扣		
	3	⌯ 0.10 B	10	超差全扣		
	4	相邻面垂直度误差≤0.02	6	超差全扣		
	5	∥ 0.10 B	8	超差全扣		
	6	25±0.1mm	8	超差全扣		
	7	⊥ 0.02 A	4	超差全扣		
	8	⌯ 0.15 A	10	超差全扣		
	9	⏥ 0.02（四处）	8	超差 1 处扣 2 分		
一般项目	10	ϕ10H7	5	超差全扣		
	11	80±0.25mm	6	超差全扣		
	12	⊥ 0.20 A	3	超差全扣		
	13	⏥ 0.15	3	超差全扣		
	14	R_a1.6μm（6 处）	6	超差 1 处扣 1 分		
其他	15	安全文明	违者视情节轻重扣 1～10 分			
作业点评						

姓 名		日 期		总 分	

任务 12　加工异形件

任务目标

提高锉削和钻孔综合操作技能。

实训操作

1. 实训内容

实训坯料如图 3.23 所示，加工成图 3.24 所示的异形件。

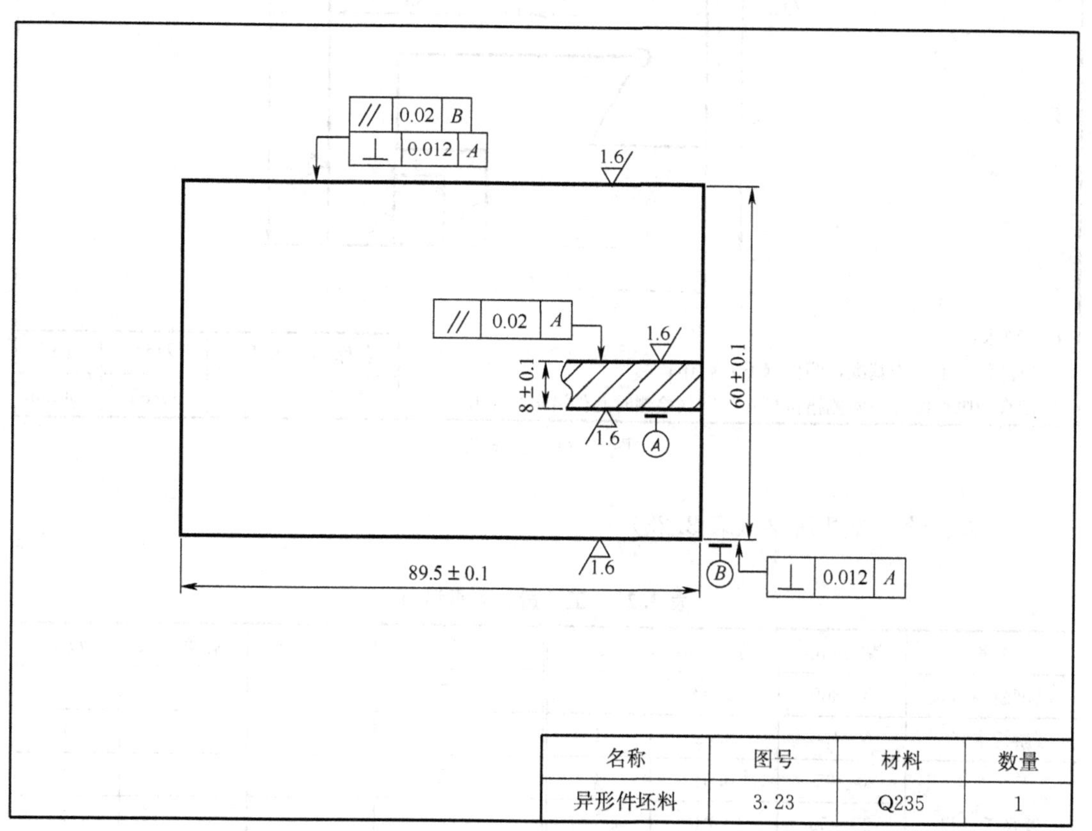

名称	图号	材料	数量
异形件坯料	3.23	Q235	1

图 3.23　异形件坯料

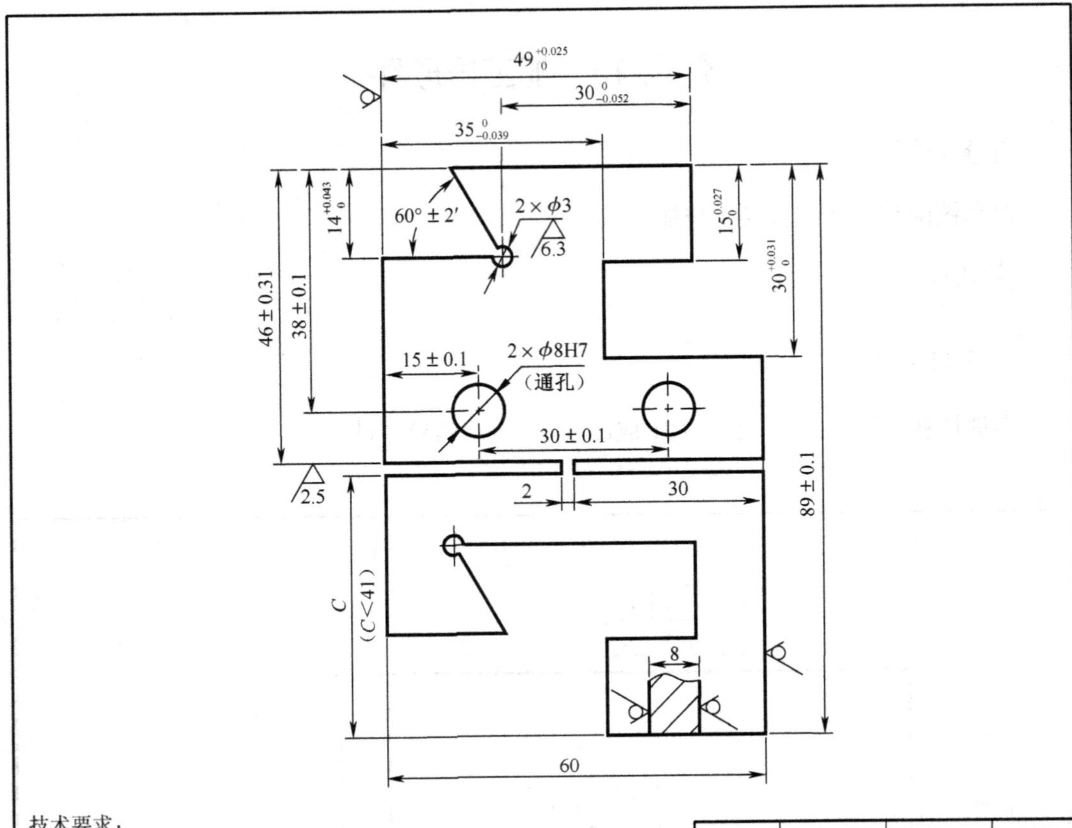

技术要求：

1. 以凸件（上）为基准，凹件（下）配作；
2. 配合间隙≤0.08，两侧错位量≤0.08（检测时此件沿锯缝断开）。

名称	图号	材料	工时
异形件	3.24	Q235	360min

图 3.24　异形件

2. 工、量、刀具清单（表 3.23）

表 3.23　工、量、刀具清单

名称	规格/mm	精度/mm	数量	名称	规格/mm	精度/mm	数量
高度游标卡尺	0～300	0.02	1	铰 杠			1
游标卡尺	0～150	0.02	1	锯 弓			1
外径千分尺	0～25	0.01	1	锯 条			1
	25～50	0.01	1	锤 子			1
	50～75	0.01	1	狭錾子			1
深度千分尺	0～25	0.01	1	样 冲			1
	25～50	0.01	1	划 针			1
游标万能角度尺	0°～320°	2′	1	钢直尺	150		1
90°刀口角尺	100×63	0 级	1	粗扁锉	250		1

续表

名称	规格/mm	精度/mm	数量	名称	规格/mm	精度/mm	数量
正弦规	100×80	1级	1	中扁锉	200、150		各1
量块	38块	1级	1	细扁锉	150		1
杠杆百分表	0～0.8	0.01	1	粗三角锉	250		1
塞尺	0.02～1		1	细三角锉	150		1
塞规	$\phi8$	H7	1	什锦锉			1套
测量棒	$\phi10\times15$		1	软钳口板			1副
麻花钻	$\phi3$，$\phi5$ $\phi7.8$，$\phi12$		各1	锉刀刷			1
				毛刷			1
直柄铰刀	$\phi8$	H7	1				
备注							

3. 操作工艺（表3.24）

表3.24　异形件加工工艺

工序		操作要点	示意图	测量说明
一		检查坯料尺寸，加工四面，达到图3.24要求尺寸（89.5±0.1）×（60±0.1）mm（备料加工四条边，作为划线基准		用游标卡尺检查坯料尺寸。用0级或1级直角尺进行测量，要测量各基准面的垂直度、平行度，还要测量各基准面的侧垂度（⊥0.012）
二（凸件）	1	划出工件全部尺寸线 钻两工艺孔		用高度游标卡尺和V形铁在平板上进行划线，划好线后进行检查，是否正确
	2	锯割去除左上侧燕尾余料，并粗锉接近尺寸线		用万能角度尺或60°角度样板进行测量，并用游标卡尺测量

续表

工序		操作要点	示意图	测量说明
二（凸件）	3	精锉左上侧燕尾，达到尺寸精度要求	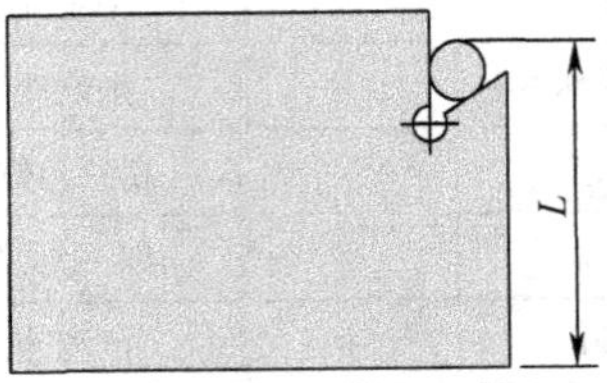	用万能角度尺或角度样板进行测量角度（60°），并用千分尺和 $\phi 10$ 测量棒间接测量 L 尺寸（$L=55.15$），来控制尺寸 30mm、14mm，并控制尺寸公差
	4	钻排孔、锯割去除右上侧余料，并粗锉接近尺寸线，留 0.5 mm 左右的余量给精加工保尺寸	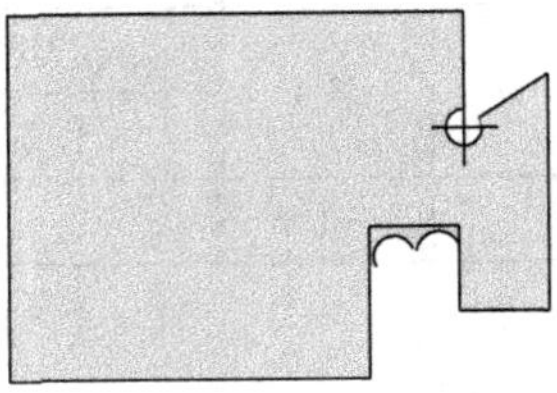	用游标卡尺 进行测量
	5	锉削右上侧直角，保证尺寸 $49^{+0.025}_{0}$mm，$15^{+0.027}_{0}$mm，$30^{+0.033}_{0}$mm 达到图 3.24 要求	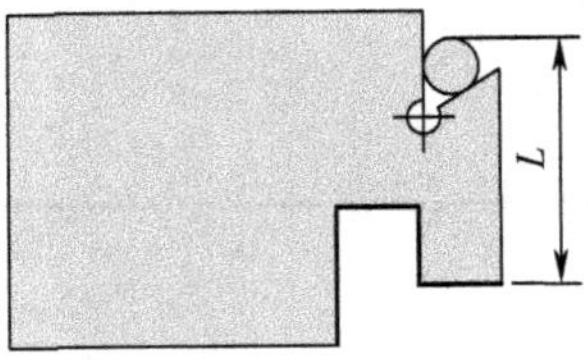	用游标卡尺、千分尺测量尺寸 $35^{0}_{-0.039}$mm，$15^{+0.027}_{0}$mm，$30^{+0.031}_{0}$mm，结合 $\phi 10$ 测量棒间接测量 L 尺寸（$L=43.66$），来控制尺寸 30mm，并控制尺寸公差
三（凹件）	1	钻排孔、锯割去除下方内腔余料，并粗锉接近尺寸线，留 0.5 mm 左右的余量给精加工保尺寸	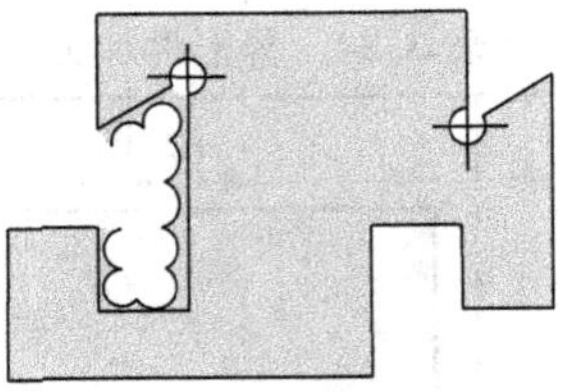	用游标卡尺进行测量
	2	细锉下方燕尾槽达到尺寸精度要求	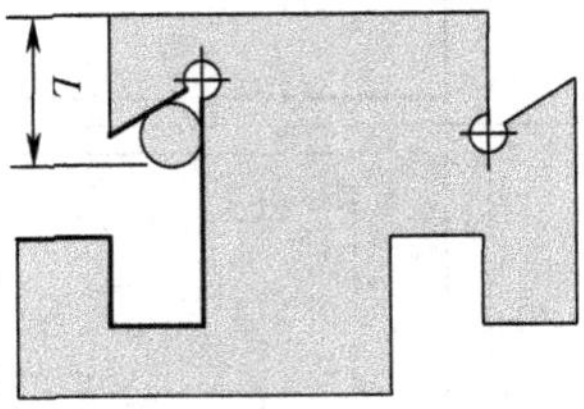	锉配燕尾槽时，应按已经加工的凸件严格控制相关尺寸，用万能角度尺测量燕尾槽、用千分尺和 $\phi 10$ 测量棒间接测量 L 尺寸（$L=24.577$）
	3	细锉下方内腔达到尺寸精度要求	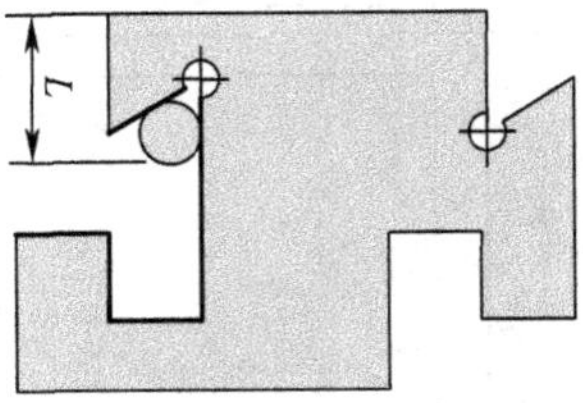	锉配内腔时，应按已经加工的凸件严格控制相关尺寸，用万能角度尺测量燕尾槽、用千分尺和 $\phi 10$ 测量棒间接测量 L 尺寸（24.577）

续表

工序		操作要点	示意图	测量说明
三（凹件）	4	划线，用钻头、铰刀钻、铰 ϕ8H7 孔，并用 ϕ12mm 钻头倒孔	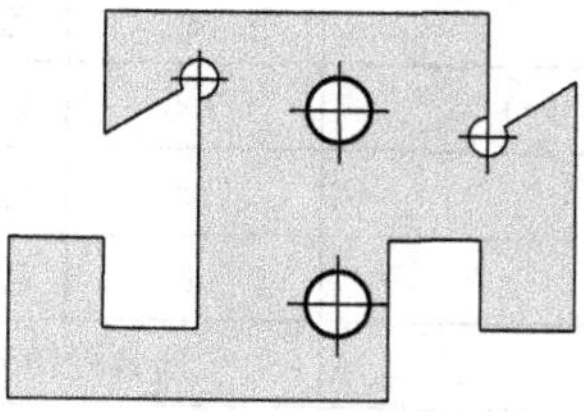	用 ϕ8H7 塞规检查孔的尺寸精度，用游标卡尺测量各孔位置精度
	5	去毛刺，全面检查精度是否达到图 3.24 要求	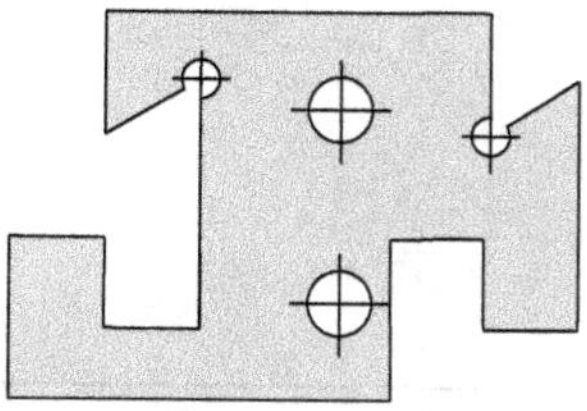	去毛刺要求各锐边手摸上去光滑无刺感
	6	划出锯割加工线，锯割；去毛刺，再检查精度是否达到图 3.24要求	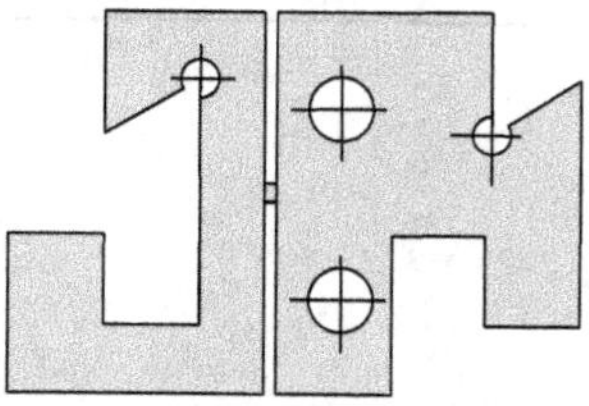	用游标卡尺测量控制尺寸；去毛刺要求各锐边手摸上去光滑无刺感

检测评分

项目	序号	考核要求	配分	评分标准	检测结果	得分
凸件	1	$49^{+0.025}_{0}$mm	7	超差全扣		
	2	$35^{0}_{-0.039}$mm	6	超差全扣		
	3	$30^{0}_{-0.052}$mm	7	超差全扣		
	4	$14^{+0.043}_{0}$mm	3	超差全扣		
	5	$15^{+0.027}_{0}$mm	4	超差全扣		
	6	$30^{+0.033}_{0}$mm	5	超差全扣		
	7	$60°\pm2'$	4	超差全扣		
	8	$R_a\leqslant1.6\mu m$（面，7 处）	3.5	超差 1 处扣 0.5 分		
	9	46±0.31（2 处）	6	超差 1 处扣 3 分		
	10	ϕ8H7（2 处）	3	超差 1 处扣 1.5 分		
	11	38±0.1（2 处）	2	超差 1 处扣 1 分		
	12	15±0.1mm	2	超差全扣		
	13	30±0.1mm	6	超差全扣		
	14	$R_a\leqslant1.6\mu m$（孔，2 处）	3	超差 1 处扣 1.5 分		

续表

项目	序号	考核要求	配分	评分标准	检测结果	得分
凹件	15	$C\geqslant 41$	3	超差全扣		
	16	$R_a\leqslant 1.6\mu m$（面，7处）	3.5	超差1处扣0.5分		
配合	17	间隙≤0.08（7处）	28	超差1处扣4分		
	18	错位量≤0.08	4	超差全扣		
其他	19	安全文明生产	违者视情节轻重扣1～10分			
作业点评						
姓名		日期		总分		

任务 13　加工燕尾锉配

任务目标

1. 掌握燕尾的计算、加工和测量方法。
2. 提高锉配和钻孔操作技能。

实训操作

1. 实训内容

实训坯料如图 3.25 所示，加工成图 3.26 所示燕尾锉配。

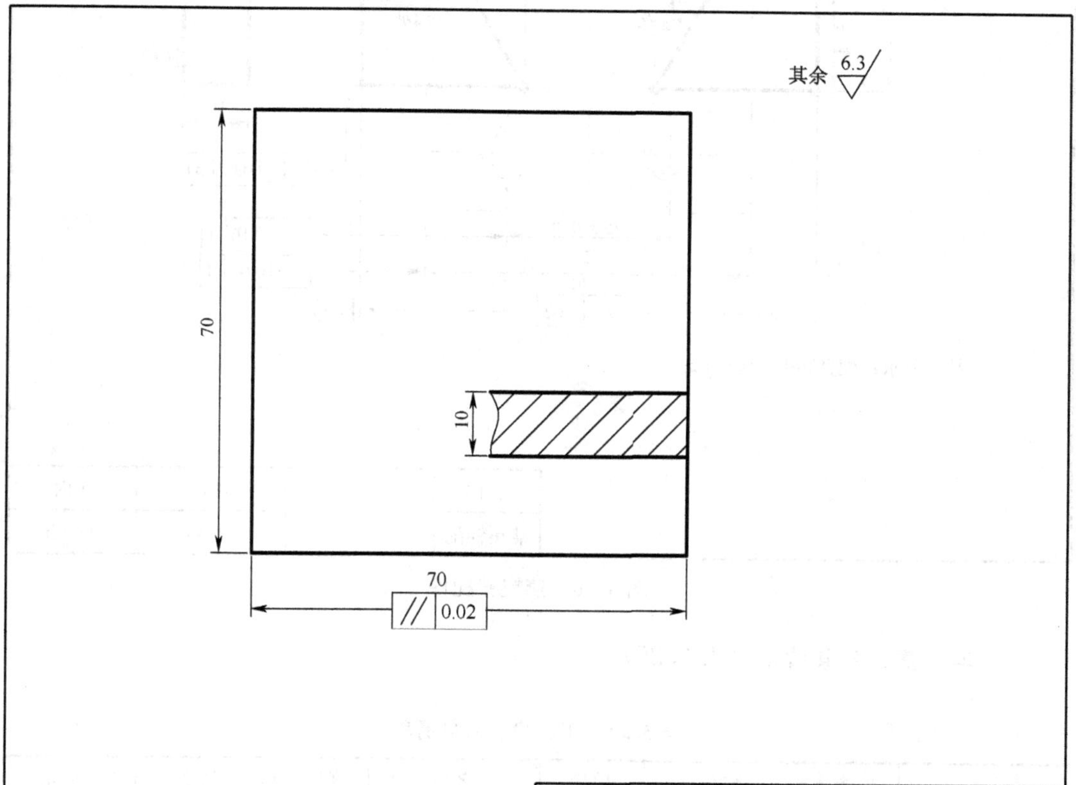

名称	图号	材料	数量
燕尾锉配件坯料	3.25	Q235	1

图 3.25　燕尾锉配件坯料

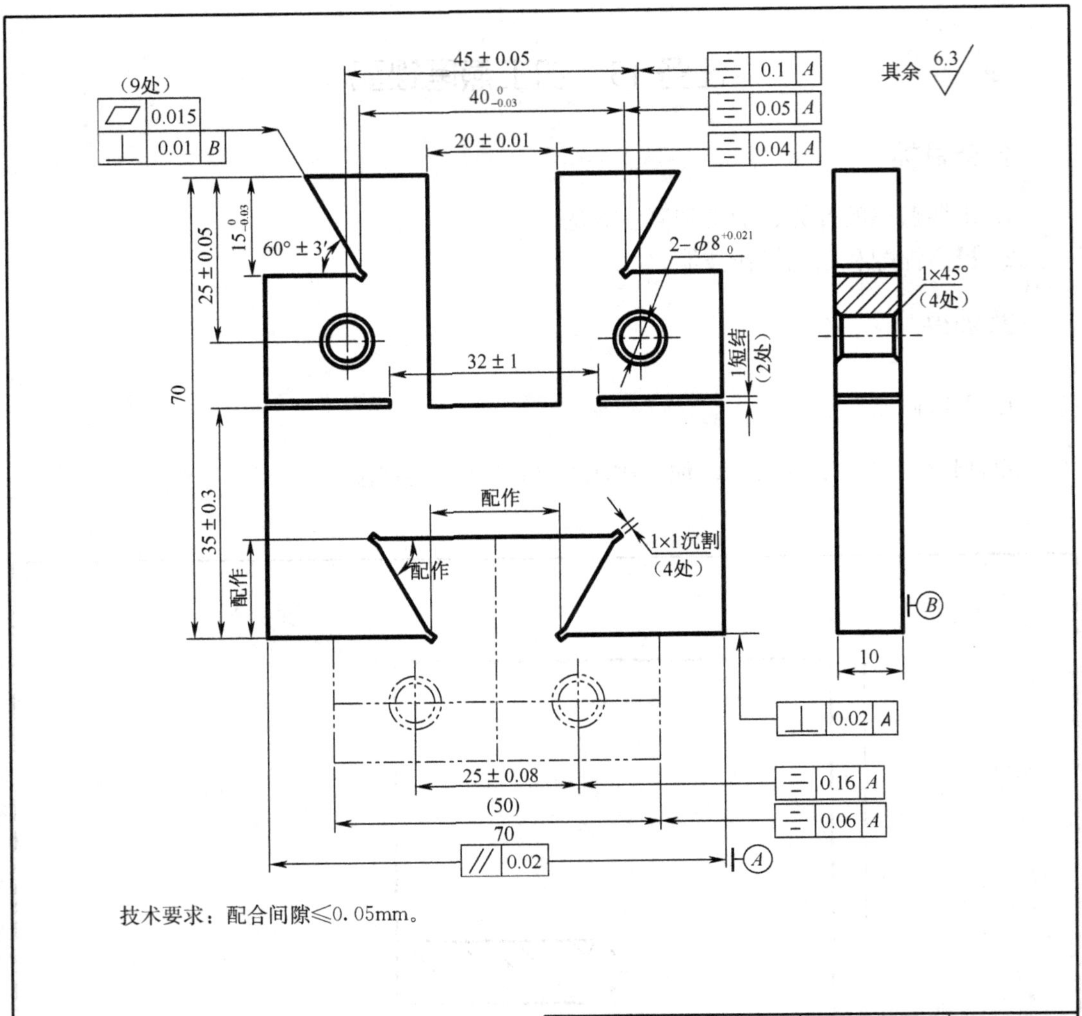

技术要求：配合间隙≤0.05mm。

名称	图号	材料	工时
燕尾锉配	3.26	Q235	360min

图 3.26 燕尾锉配件

2. 工、量、刀具清单（表 3.25）

表 3.25 工、量、刀具清单

名称	规格/mm	精度/mm	数量	名称	规格/mm	精度/mm	数量
高度游标卡尺	0～300	0.02	1	V 形铁			1
游标卡尺	0～150	0.02	1	锯 弓			1
外径千分尺	0～25	0.01	1	锯 条			1
	25～50	0.01	1	锤 子			1
	50～75	0.01	1	狭錾子			1

续表

名称	规格/mm	精度/mm	数量	名称	规格/mm	精度/mm	数量
万能角度尺	0～320°	2′	1	样冲			1
90°刀口角尺	100×63	0级	1	划针			1
正弦规	100×80	1级	1	钢直尺	150		1
量块	38块	1级	1	粗扁锉	250		1
杠杆百分表	0～0.8	0.01	1	中扁锉	200、150		各1
表架			1	细扁锉	150		1
塞尺	0.02～1		1	粗三角锉	250		1
塞规	$\phi8$	H7	1	细三角锉	150		1
测量棒	$\phi10\times15$		1	什锦锉			1套
麻花钻	$\phi3$、$\phi5$、$\phi7.8$		各1	软钳口板			1副
直柄铰刀	$\phi8$	H7	1	锉刀刷			1
铰杠			1	毛刷			1
备注							

3. 操作工艺（表3.26）

表3.26　燕尾锉配加工工艺

工序	操作要点	示意图	测量说明
1	检查坯料尺寸，备料加工四条边，达到图3.24要求，作为划线基准	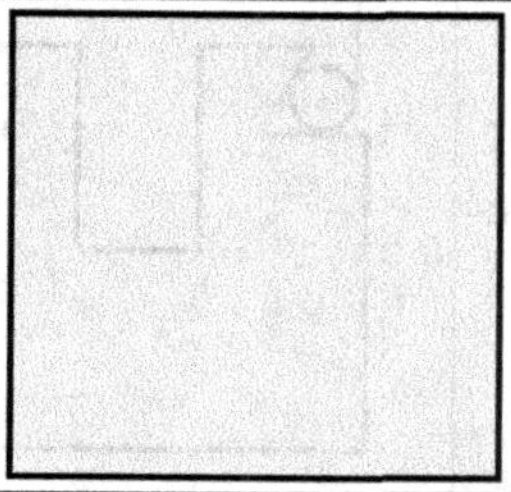	用直角尺进行测量，测量两基准面的垂直度和侧垂度
2	划线：划出矩形槽加工线，燕尾角度加工线，孔位线	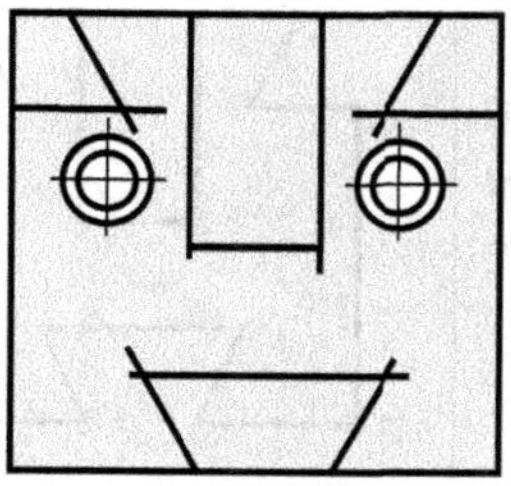	用高度游标卡尺和V形铁在平板上进行划线，划好线后进行检查，是否正确

续表

工序	操作要点	示意图	测量说明
3	加工矩形槽，钻排孔、锯割去除余料，锉削尺寸 20mm ± 0.02mm 并达到对称度要求	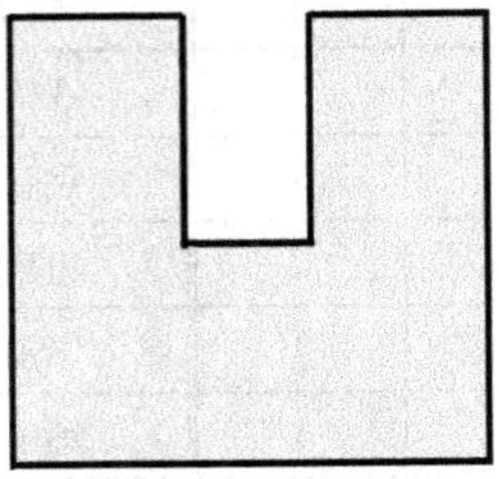	用游标卡尺和千分尺进行测量，通过控制间接尺寸来保证尺寸及对称度要求
4	锯割去除凸燕尾 60°±3′右上角的余料，锉削加工燕尾平面，注意留 0.015mm 余量给修整，达到 $15_{-0.03}^{\ 0}$mm；锉削 60°±3′角度	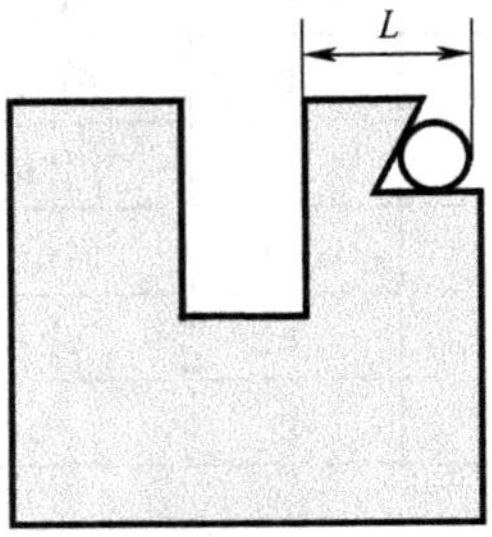 L	用万能角度尺或 60°角度样板进行测量，并用千分尺结合 $\phi10$ 测量棒测量 $L=23.66$，通过控制间接尺寸 $L=10+5\ (1+\cot30°)$ 来保证尺寸及对称度要求
5	锯割去除凸燕尾 60°±3′左上角的余料，锉削加工燕尾平面，注意留 0.015mm 余量给修整，达到 $15_{-0.03}^{\ 0}$mm；锉削 60°±3′角度	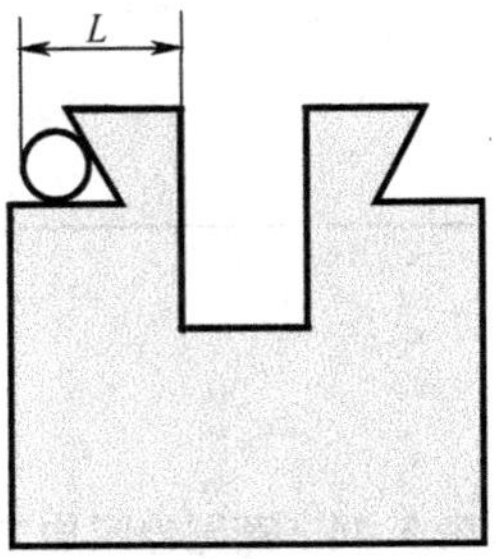 L	用万能角度尺或 60°角度样板进行测量，并用千分尺结合 $\phi10$ 测量棒测量 $L=23.66$，通过控制间接尺寸 $L=10+5\times\ (1+\cot30°)$ 来保证尺寸及对称度要求
6	对凸燕尾 60°±3′两角加工面进行检查和修整，并清角、去毛刺，以达到要求	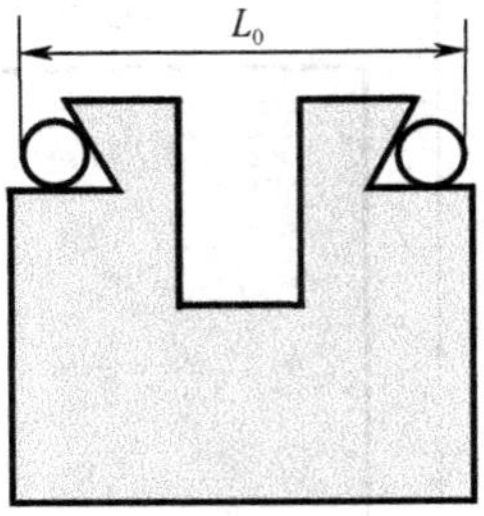 L_0	用千分尺结合 $\phi10$ 测量棒测量 L_0，通过控制间接尺寸 $L_0=20+2[10+5\ (1+\cot30°)]$ 来保证尺寸及对称度要求
7	钻排孔、锯割去除下方燕尾槽余料，并粗锉接近尺寸线，留 0.5mm 左右的余量给精加工保尺寸	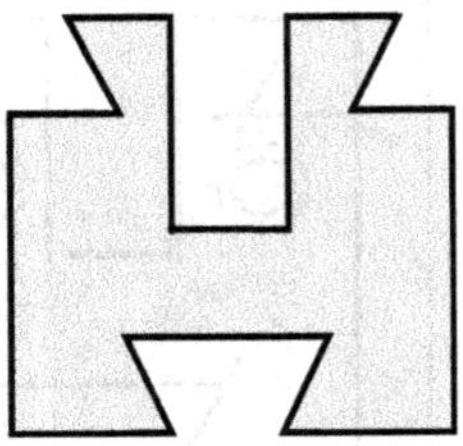	用游标卡尺进行测量

续表

工序	操作要点	示意图	测量说明
8	精加工右下角燕尾槽达到配合尺寸要求，注意留 0.015mm 余量进行修整		按照实际加工后燕尾及矩形槽尺寸配作燕尾槽；同时结合万能角度尺或 60°角度样板进行测量 60°角，用千分尺结合 $\phi10$ 测量棒测量 $L=30$，通过控制间接尺寸 L 来保证尺寸及对称度要求
9	精加工左下角燕尾槽达到配合尺寸要求，注意留 0.015mm 余量进行修整		按照实际加工后燕尾及矩形槽尺寸，配作燕尾槽；同时结合万能角度尺测量 60°角，用千分尺结合 $\phi10$ 测量棒测量 $L=30$，通过控制间接尺寸 L 来保证尺寸及对称度要求
10	钻、铰 $\phi8^{+0.021}_{0}$ mm 孔，达到孔径尺寸要求和位置尺寸 45±0.05mm 及 25±0.05mm 的度要求，并对孔倒角；最后对各锉削加工面再进行一次检查和修整，清角、去毛刺		用 $\phi8$H7 塞规检查孔的尺寸精度，用游标卡尺测量各孔位置精度；并用千分尺、刀口直角尺进行测量、检测和修整
11	锯削尺寸 35±0.3mm，保留 32±1mm尺寸的连接；并清除锯口毛刺，清理铁屑，打号上交		注意装夹部位和夹持方向，防止工件变形影响到锉削的加工精度；用游标卡尺进行测量；去毛刺要求：各边手摸上去光滑无刺感

检测评分

项目	序号	考核要求	配分	评分标准	检测结果	得分
凸件（上）	1	20±0.02mm	5	超差全扣		
	2	$40_{-0.03}^{0}$mm	6	超差全扣		
	3	45±0.05mm	5	超差全扣		
	4	$15_{-0.03}^{0}$mm	3	超差全扣		
	5	25±0.05mm	5	超差全扣		
	6	60°±3′	8	超差全扣		
	7	$2-\phi 8_{0}^{+0.021}$	2	超差全扣		
	8	⌯ 0.04 A	3	超差全扣		
	9	⌯ 0.05 A	2	超差全扣		
	10	⌯ 0.1 A	2	超差全扣		
	11	▱ 0.015	2	超差全扣		
	12	⊥ 0.01 B	2	超差全扣		
	13	1×45°（4处）	2	超差1处扣0.5分		
	14	R_a≤1.6μm孔（2处）	2	超差1处扣1分		
	15	R_a≤1.6μm面（6处）	3	超差1处扣0.5分		
凹件（下）	16	35±0.5mm	3	超差全扣		
	17	32±1mm	3	超差全扣		
	18	1×1沉割（4处）	2	超差1处扣0.5分		
配合	19	间隙≤0.05（12处）	12	超差1处扣1分		
	20	25±0.08mm	6	超差全扣		
	21	⌯ 0.16 A	3	超差全扣		
	22	⌯ 0.06 A	3	超差全扣		
	23	// 0.02	2	超差全扣		
	24	⊥ 0.02 A	2	超差全扣		
其他	25	安全文明生产	违者视情节轻重扣1~10分			
作业点评						
姓名		日期		总分		

任务 14　加工 V 形对配

任务目标

1. 掌握较复杂对称件的加工方法。
2. 提高测量、锉配和钻孔技能。

实训操作

1. 实训内容

实训材料如图 3.27 所示，加工成图 3.28 所示 V 形对配。

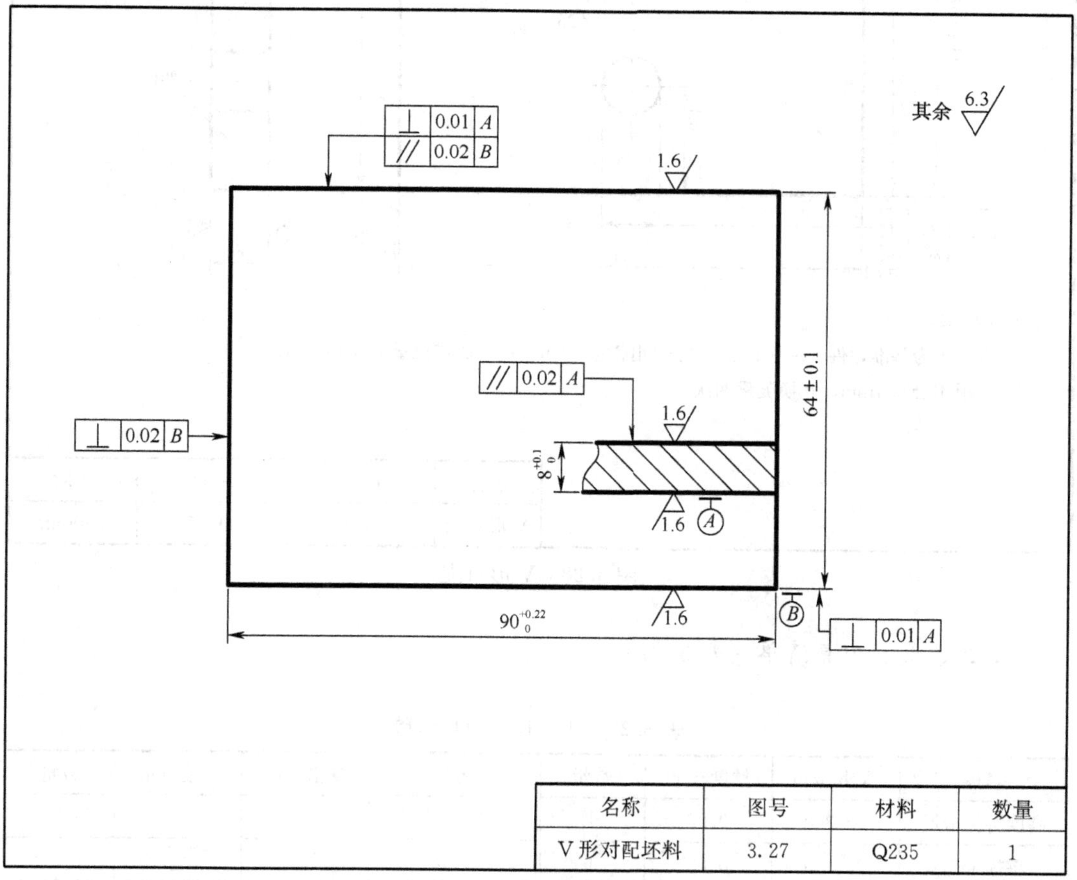

名称	图号	材料	数量
V 形对配坯料	3.27	Q235	1

图 3.27　V 形对配坯料

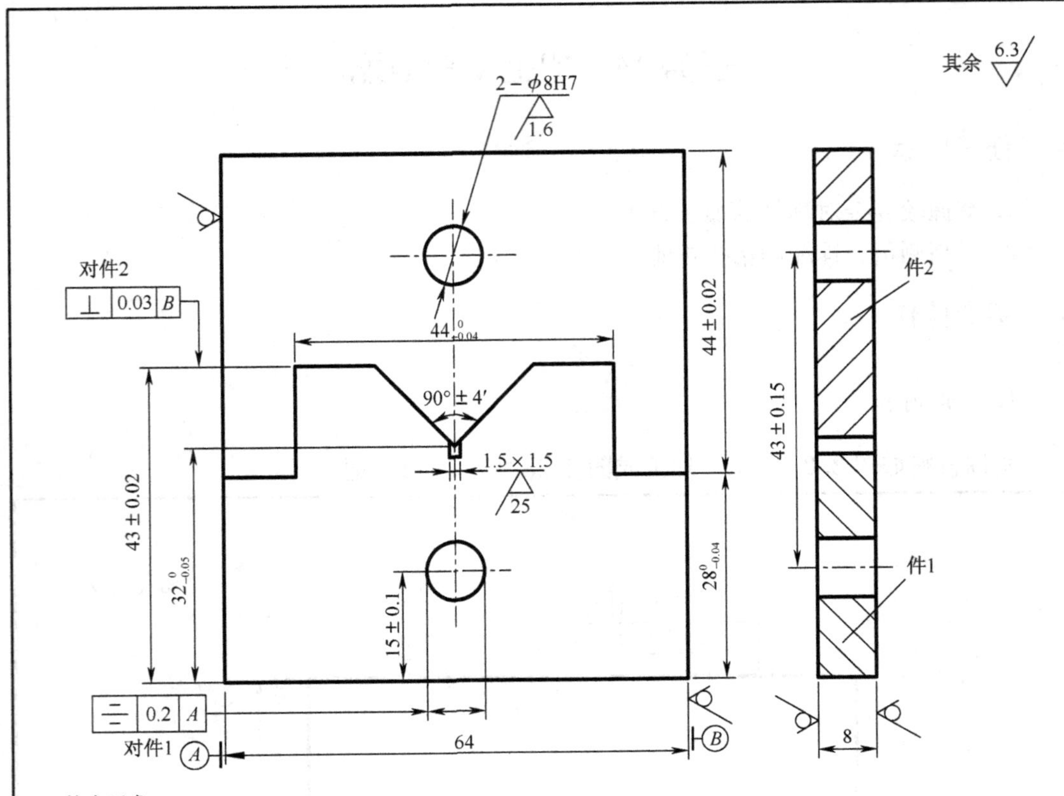

技术要求：

1. 以件1为基准，件2配作；配合互换间隙≤0.05mm；两侧错位量≤0.06 mm；
2. 孔距43±0.1mm，互换测量两次。

名称	图号	材料	工时
V形对配	3.28	Q235	330min

图 3.28 V形对配

2. 工、量、刀具清单（表3.27）

表 3.27 工、量、刀具清单

名称	规格/mm	精度/mm	数量	名称	规格/mm	精度/mm	数量
高度游标卡尺	0～300	0.02	1	V形铁			1
游标卡尺	0～150	0.02	1	锯条			1
外径千分尺	0～25	0.01	1	锤子			1
	25～50	0.01	1	狭錾子			1
	50～75	0.01	1	样冲			1
万能角度尺	0～320°	2′	1	划针			1

续表

名称	规格/mm	精度/mm	数量	名称	规格/mm	精度/mm	数量
90°刀口角尺	100×63	0 级	1	钢直尺	150		1
正弦规	100×80	1 级	1	粗扁锉	250		1
量块	38 块	1 级	1	中扁锉	200、150		各 1
杠杆百分表	0～0.8	0.01	1	细扁锉	150		1
表架			1	粗三角锉	250		1
塞尺	0.02～1		1	细三角锉	150		1
塞规	$\phi8$	H7	1	什锦锉			1 套
测量棒	$\phi10\times15$		1	软钳口板			1 副
麻花钻	$\phi4$、$\phi7.8$		各 1	锉刀刷			1
直柄铰刀	$\phi8$	H7	1	毛 刷			1
铰杠			1	锯 弓			1
备注							

3. 操作工艺（表 3.28）

表 3.28　V 形配对加工工艺

工序		操作要点	示意图	测量说明
一		检查坯料尺寸，加工两边，作为划线基准		用游标卡尺测量、用直角尺进行测量，测量两基准面的垂直度和侧垂度
二（凸件）	1	加工划线，锯割取料，锉削外形（43＋0.02）mm×（64＋0.02）mm，保证尺寸公差		用游标卡尺测量，最后用外径千分精测
	2	加工 V 形槽，保证尺寸 $32_{-0.05}^{\ 0}$ mm，达到图 3.28 要求	L	用万能角度尺进行测量 90°角度，并用千分尺测量 L，通过测量间接尺寸（$L=32+5+5/\sin45°$）来保证尺寸 $32_{-0.05}^{\ 0}$ mm

续表

工序		操作要点	示意图	测量说明
二（凸件）	3	加工两侧直角，达到对称度和尺寸要求，保证 $44_{-0.04}^{0}$ 尺寸，达到图样要求	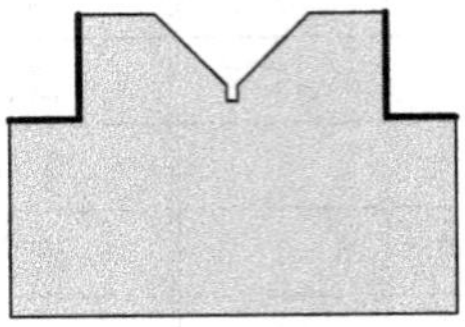	用游标卡尺和千分尺测量，通过间接测量来保证对称性
	4	锉削外形尺寸 43 ± 0.02 mm，达到尺寸公差	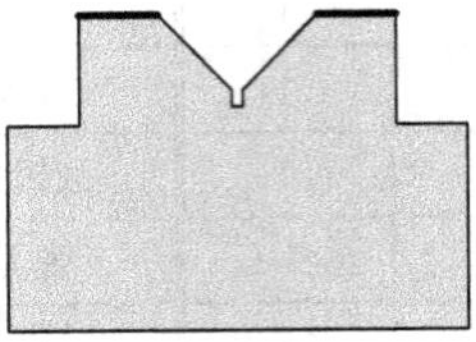	用游标卡尺和千分尺测量
三（凹件）	1	加工一组直角边，达到图纸要求，作为划线基准		用角尺测量
	2	锯割，锉 64 × 44 方块，达到图 3.28要求		用角尺和游标卡尺、外径千分尺测量
	3	通过锉削进行粗加工，使各面都留 0.2mm 左右的余量	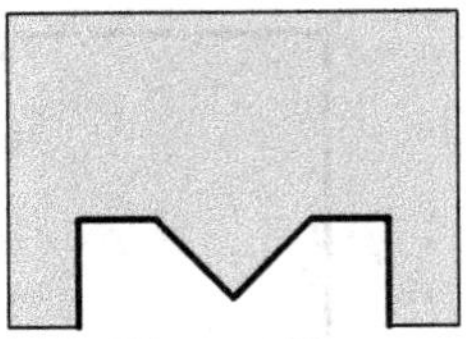	游标卡尺测量
	4	加工左右两侧面，并用件 1 试塞配作	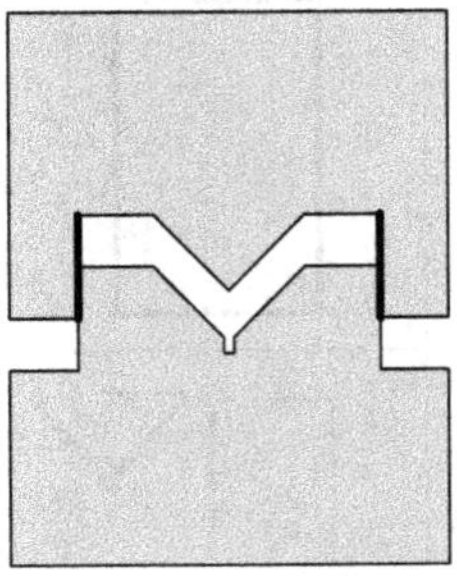	用游标卡尺、外径千分卡测量

续表

工序		操作要点	示意图	测量说明
三（凹件）	5	根据试塞情况，使凸件能够插入，然后再加工锉配凹件，先加工 30mm 尺寸，使凸件能够插入，然后再加工 V 形块的斜面和底面，直到六个配合面配合精度达到图纸要求为止		配合间隙用塞尺测量
四		划线，钻、铰 ϕ8H7 孔		用 ϕ8H7 塞规检查孔的尺寸精度，用游标卡尺测量各孔位置精度
五		按图纸要求，全面检查工件质量，并适当修正，然后打号上交		配合间隙≤0.05，两侧错位量≤0.06；去毛刺要求：各锐边手摸上去光滑无刺感

检测评分

项目	序号	考 核 要 求	配分	评 分 标 准	检测结果	得分
凸件	1	$44_{-0.04}^{0}$mm	6	超差全扣		
	2	$32_{-0.05}^{0}$mm	5	超差全扣		
	3	$28_{-0.04}^{0}$mm	4×2	超差 1 处扣 4 分		
	4	43±0.02mm	4	超差全扣		
	5	90°±3′	4	超差全扣		
	6	⊥ 0.03 B	3	超差全扣		
	7	R_a≤3.2μm（9 处）	4.5	超差 1 处扣 0.5 分		
	8	ϕ8H7	2	超差全扣		
	9	15±0.1mm	3	超差全扣		
	10	⌯ 0.2 A	6	超差全扣		
	11	R_a1.6μm	1.5	超差全扣		

续表

项目	序号	考核要求	配分	评分标准	检测结果	得分
凹件	12	44±0.02mm	5	超差全扣		
	13	R_a3.2μm（9处）	4.5	超差1处扣0.5分		
	14	ϕ8H7	2	超差1处扣1分		
	15	R_a≤1.6μm面	1.5	超差全扣		
配合	16	间隙≤0.05（16面）	24	超差1处扣2分		
	17	错位量≤0.06（2次）	8	超差1处扣4分		
	18	43±0.15mm（2次）	8	超差1处扣4分		
其他	19	文明生产	违者视情节轻重扣1～10分			
作业点评						
姓名		日期		总分		

主要参考文献

蒋增福．2003．钳工工艺与技能训练．北京：中国劳动社会保障出版社．

尤祖源．1997．钳工实习与考级．北京：高等教育出版社．

王琪．2004．钳工实习与考级．北京：高等教育出版社．